U0236255

# AI 摄影与后期

## 高清细节、真实质感创作与商业应用

龙飞◎著

化学工业出版社

·北京·

# 内 容 简 介

本书分享了12个AI摄影工具+130组案例指令+157个实用干货内容+179集教学视频+210个素材效果文件+550张精美插图+12000多个AI绘画关键词赠送，助你一本书轻松成为AI摄影与后期高手！

本书通过理论+实例的形式，全面介绍了使用剪映、豆包、通义千问、文心一言、文心一格、腾讯智影、美图秀秀、剪映Dreamina、Midjourney、DALL·E 3以及Stable Diffusion等AI工具，轻松生成令人惊艳的AI作品；掌握相机指令、构图指令、光线色调指令和风格渲染指令等核心技术，让您的摄影作品焕发新的魅力；通过剪映App和Photoshop的AI功能进行后期处理与精修，最后讲解了Midjourney和Stable Diffusion的商业设计案例。无论你是想要提升个人摄影技能，还是希望将AI技术应用于商业项目中，本书都将为你提供丰富的案例操作指南。

本书图片精美、丰富，讲解深入浅出，实战性强，适合摄影爱好者、专业摄影师、视觉设计师、对AI技术感兴趣的读者、摄影与后期处理初学者，以及摄影、设计、美术等专业的学生阅读。

**图书在版编目（CIP）数据**

AI摄影与后期 ： 高清细节、真实质感创作与商业应用 / 龙飞著. -- 北京 ： 化学工业出版社，2024. 10.

ISBN 978-7-122-46304-3

Ⅰ．TP391.413

中国国家版本馆CIP数据核字第2024MC8023号

---

责任编辑：王婷婷　李　辰　　　　　　　　　封面设计：异一设计
责任校对：刘　一　　　　　　　　　　　　　装帧设计：盟诺文化

---

出版发行：化学工业出版社（北京市东城区青年湖南街13号　邮政编码100011）
印　　装：北京宝隆世纪印刷有限公司
710mm×1000mm　1/16　印张16$^1$/$_2$　字数379千字　2025年2月北京第1版第1次印刷

---

购书咨询：010-64518888　　　　　　　　　　售后服务：010-64518899
网　　址：http://www.cip.com.cn
凡购买本书，如有缺损质量问题，本社销售中心负责调换。

---

定　　价：98.00元

# 前　言

## ☆ 写作驱动

　　2022年3月，一款AI绘图工具——Midjourney横空出世。只要运用这款工具输入你想到的文字，它就能帮你生成相对应的图片，实现以文生图。

　　于是，爱好摄影、喜欢追求新技术的我，作为Midjourney的第一批用户，开始使用Midjourney生成大量图片，感受只要输入提示词，就能将想象变成图像的喜悦。

　　我在实际使用了Midjourney一年后，感觉这个工具真是好用且强大。2023年3月，我将自己生成了上千张AI摄影照片的学习与使用经验，写成了一本书与大家分享，这也是市场上第一本AI摄影图书，书名叫作《人工智能AI摄影与后期修图从小白到高手：Midjourney+Photoshop》。目前为止，有上万名读者购买了这本书，和我一起学习AI摄影这项新技术。

　　手机AI摄影日趋成熟。2024年3月，我在名为龙飞摄影的公众号里开设了一个专栏课，名称为《手机AI摄影入门与实战》，通过千聊平台讲了5款国产手机软件，如何不用外网直出效果，得到了大家的喜爱。

　　而这个时间，离Midjourney推出史诗级的版本V6已经有一段时间了。V6版本最大的变化有两个：一是生成的效果更加逼真，细节质感更好；二是修复与完善了之前版本产生的效果的一些明显缺陷。

　　Midjourney从2022年3月推出，截至2024年3月，已经是个两岁的"小孩"了，成熟了很多。另外，在2023年8月推出的另一款AI软件Stable Diffusion，也深受大家的喜爱，特别是这两个软件还可以强强联合，给人惊喜。

　　基于这两个软件的成熟与强大，以及喜爱AI摄影的人越来越多，我在2024年编写了这本书：《AI摄影与后期：高清细节、真实质感创作与商业应用》。本书重点突出了AI摄影的三个优秀之处，一是高清细节，二是真实质感，三是商业应用，我在书中都用案例进行了详细解说。

## ☆ 本书特色

用AI技术赋能传统摄影：本书不仅讲解了基础的摄影技巧，还介绍了如何通过AI技术来提升照片的质量和创意性，旨在帮助读者理解AI技术在摄影领域的应用价值，以及如何将这些技术融入日常的摄影实践中。

多平台生成AI摄影作品：书中详细介绍了5款手机App（剪映、豆包、通义千问、文心一言、美图秀秀）、2个小程序（文心一格、腾讯智影）和3个网站平台（剪映Dreamina、文心一格、Stable Diffusion），以及Midjourney、DALL•E 3和Stable Diffusion 3款强大的AI绘图工具，满足了不同读者的需求，全面展示了AI技术在不同平台上的应用。

全面的AI摄影指令：本书通过深入探讨12种相机指令、12种构图指令、14种光线色调指令及13种风格渲染指令等内容，能够让读者学习如何在创作过程中灵活运用AI技术，提升摄影作品质量和艺术感染力，轻松生成创意十足的作品。

详细的后期处理技术：本书详细介绍了两款后期软件——剪映App和Photoshop，这两款工具利用AI技术简化了许多复杂的后期任务，使读者能够更加高效地完成作品的创作和修改。熟练使用这两款工具可以帮助读者快速提升图片质量。

丰富的商业案例详解：本书通过六大常见的商业案例，让读者能够直观地理解AI技术在商业设计中的应用；通过介绍Midjourney和Stable Diffusion等工具的使用方法，指导读者如何将AI技术运用于商业项目，提升作品的商业价值。

超值的资源文件赠送：为了给读者带来良好的学习体验，现将包括150多分钟的教学视频演示、210多个素材效果源文件、130多组实例的提示词、12000多个AI绘画关键词的超值资源包统一奉送给大家。

适用不同类型的读者：本书不仅适用于摄影爱好者和创意设计师，还适用于商业从业者。无论您是想要提升个人摄影技能、探索创意艺术领域，还是希望将AI技术应用于商业设计或营销项目中，本书都将为您提供宝贵的学习资源和实践指南。

## ☆ 特别提醒

① 版本更新。本书在编写时，是基于当前各种AI工具和网页平台的界面截取的实际操作图片。本书涉及多种软件和工具：剪映App为13.6.0版、豆包App为3.4.0、通义千问App为1.2.16、文心一言App为3.0.0.11、美图秀秀App为10.8.0、

Photoshop为25.0.0、Stable Diffusion为1.8.1。虽然在编写的过程中，是根据AI工具和网页截取的实际操作图片，但本书从编辑到出版需要一定的时间，在此期间，这些工具或网页的功能和界面可能会有变动。请在阅读时，根据书中的思路，举一反三，进行学习。

② 提示词的使用。提示词也被称为关键词或"咒语"。需要注意的是，即使是相同的提示词，AI工具每次生成的图像和视频效果也会有所差别，这是模型基于算法与算力得出的新结果，是正常的。所以，大家可能会看到书里的截图与扫码观看教程视频有所区别，包括大家用同样的提示词，自己制作出来的效果也会有所差异。此外，提示词的大小写、个别拼写错误或格式不规范等，基本不会影响生成的结果。因此，在扫码观看教程视频时，读者应把更多的精力放在提示词的编写和实操步骤上。

## ☆ 素材获取

读者可以用微信扫一扫下面的二维码，或参考本书封底信息，根据提示获取随书附赠的超值资料包的下载信息。

读者QQ群

视频教学（样例）

## ☆ 作者售后

本书由龙飞编著，参与编写和提供照片的人员还有胡杨、苏高、朝霞、黄人英（会唱歌的鱼）等人，在此表示感谢。由于作者知识水平有限，书中难免有疏漏之处，恳请广大读者批评、指正，沟通和交流请联系微信：2633228153。

# 目　录

## 【AI 生成篇】

## 【细节质感篇】

# 【AI 生成篇】

## 第1章　用AI赋能传统摄影方式

　　随着人工智能（Artificial Intelligence，AI）技术的快速发展，越来越多的应用场景出现在我们的生活中。其中，AI在摄影领域不仅有着广泛的应用，还开辟出了一条全新的发展之路——AI摄影。本章主要介绍AI摄影与传统摄影的相关知识，让大家有所了解。

# 1.1 AI 摄影的基础知识

AI摄影以其高效、智能、创新等特点，不仅能够提高摄影创作的效率，还能创造出更多、更有创意的摄影作品。随着AI技术越来越成熟，未来的AI摄影将赋予人们更多的独创性和想象力，推动摄影艺术不断发展和创新。本节就让我们一起来看看到底什么是AI摄影，以及它所带来的影响和挑战。

## 1.1.1 什么是 AI 摄影

AI摄影是指使用AI技术来提高摄影效率和创造性，通过让计算机学习人类创作的艺术风格和规则，然后让其绘制出与真实摄影作品相似的虚拟图像，从而实现由计算机生成摄影作品的功能。使用AI技术生成的慢门流水与花卉摄影作品如图1-1所示。

图 1-1　AI 摄影作品 1（图片由 AI 摄影师朝霞提供）

AI摄影主要利用AI绘图工具，借助计算机的图形处理器（Graphics Processing Unit，GPU）等硬件加速设备，在较短时间内实现机器绘图，并且可以实时预览。

AI摄影不仅能够根据不同的主题、风格来生成具有差异性的照片，还可以极大地推动数字艺术的发展。同时，AI摄影的出现可以减少摄影师们的手动干预，让他们更专注于创意和想象。在摄影的历史演进中，经历了"拍照片""做照片"等阶段，如今受AI技术的影响，摄影进入了一个"想照片"的新阶段。

例如，我们可以想象一个场景，如"慢门车轨"或"辣椒炒肉"，然后利用

AI摄影帮助我们将这个场景变成一张照片，如图1-2所示。在这个过程中，AI摄影可以自主识别拍摄场景并通过自动化调整来生成照片。同时，在后期制作中，AI摄影可以智能地分析和处理图像，进一步提升照片的表现力。通过智能识别技术，摄影艺术可以变得更加多样化。因此，可以说在AI技术的持续影响下，"想照片"的AI摄影模式成为一种新的艺术潮流。

图 1-2　AI 摄影作品 2（图片由 AI 摄影师朝霞提供）

## 1.1.2　AI 摄影的技术原理

扫码看教学视频

AI摄影其实就是AI绘图，所以AI摄影的技术原理，实际上就是AI绘图的技术原理。

下面以文心一格与Midjourney为例，分别介绍它们作为一款AI绘图工具，生成摄影级照片的技术原理是什么。

### 1. 文心一格的绘图技术原理

文心一格作为一款基于AI技术的绘图工具，其生成图片的技术原理主要依赖于深度学习和自然语言处理技术。

首先，文心一格从海量的图文对应数据中学习"语言描述"与"艺术画面"的关联。当用户输入一段文字描述时，文心一格能够利用对提示词工程的理解技术，对输入的文字进行多角度识别，并据此进行扩充，丰富整个描述，包括风格、构图、视觉要素等。这一过程基于知识图谱得以实现，使得软件能够深入理解并解析用户的创作意图。

随后，文心一格通过提示词排序获得最佳的提示词，再将其输入"文生图"

环节。在这个过程中，软件利用深度学习和神经网络技术，从大量的绘画作品中学习不同的绘画风格和技巧。这些技术使得AI能够从海量的数据中提取关键信息，理解并模仿不同的绘画风格，同时掌握创作技巧。

最终，文心一格从随机化的起点开始，经过数百轮的不断修正和迭代，生成具有独特艺术魅力的绘画作品，这些作品在审美上与人类的经验和知识高度一致，既体现了用户的创作意图，又展现了AI在艺术创作方面的独特能力。

综上所述，文心一格生成图片的技术原理主要基于深度学习和自然语言处理技术，通过理解用户意图、学习不同的绘画风格和技巧，以及不断修正和迭代，最终生成具有独特艺术魅力的绘画作品，而AI摄影就是针对AI绘图融入了更多的摄影专业知识生成的照片。

图1-3所示为文心一格生成的AI摄影作品，由AI摄影师黄人英（网名：会唱歌的鱼）提供。

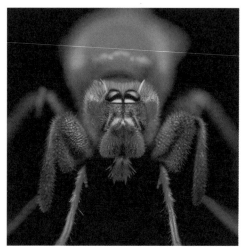

图 1-3　AI 摄影作品 3（图片由 AI 摄影师黄人英提供）

☆ 专家提醒 ☆

文心一格是百度依托飞桨、文心大模型的技术创新推出的一个 AI 艺术和创意辅助平台，利用飞桨的深度学习技术，帮助用户快速生成高质量的图像和艺术作品，提高创作效率和创意水平，特别适合需要频繁进行艺术创作的人群，如艺术家、设计师和广告从业者等。

用户可以使用文心一格平台提供的智能生成功能，生成各种类型的图像和艺术作品。文心一格平台使用深度学习技术，能够自动学习用户的创意（即提示词）和风格，生成相应的图像和艺术作品；还可以根据用户的创意和需求，对已有的图像和艺术作品进行优化和改进。用户只需要输入自己的想法，就可以借助文心一格平台自动分析和优化相应的图像和艺术作品。

### 2. Midjourney的绘图技术原理

Midjourney作为一款绘图工具，其生成图片的技术原理主要基于深度学习技术，特别是生成对抗网络（Generative Adversarial Networks，GAN）的应用。GAN包含两个神经网络：一个生成器和一个判别器。生成器负责生成图像，而判别器则评估生成器的性能，这两个网络通过反复对抗的方式进行训练，最终生成可以满足用户需求的作品。

在Midjourney中，用户只需要输入关键字，软件便能使用AI算法在不到一分钟的时间内生成相应的图片。这一过程的实现，依赖于Midjourney通过大量的图像数据进行训练，能够理解用户的输入信息，并在这些图像数据中寻找相似元素和特征，从而生成符合用户需求的图片。

此外，Midjourney还提供了丰富的功能和参数供用户探索和调整，如不同的图像模型、混沌参数及种子值等，这些都可以帮助用户更精细地控制生成图片的风格和效果。

综上所述，Midjourney生成图片的技术原理基于深度学习技术，特别是GAN的应用，通过大量图像数据的训练和对用户输入信息的理解，生成满足用户需求的图片。AI摄影，就是从摄影构图、光影与颜色的角度，让软件贴近摄影的这些专业层面而生成的照片。

图1-4所示为Midjourney生成的AI摄影作品，由AI摄影师朝霞提供。

图 1-4　AI 摄影作品 4（图片由 AI 摄影师朝霞提供）

### 1.1.3　AI 摄影的本质

　　AI摄影的本质是利用AI技术赋予摄影领域更高的智能化、创意化和自动化水平，从而提升摄影作品的质量和效率，改变摄影过程和体验的方式。

　　下面对AI摄影的本质进行相关分析，如图1-5所示。

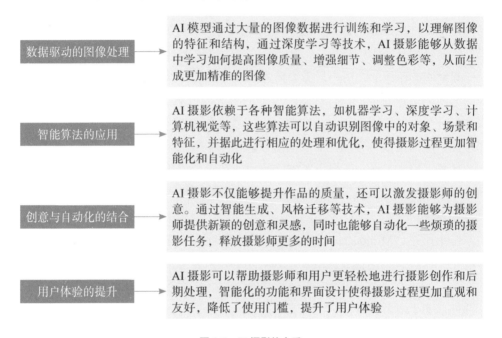

| | |
|---|---|
| 数据驱动的图像处理 | AI 模型通过大量的图像数据进行训练和学习，以理解图像的特征和结构，通过深度学习等技术，AI 摄影能够从数据中学习如何提高图像质量、增强细节、调整色彩等，从而生成更加精准的图像 |
| 智能算法的应用 | AI 摄影依赖于各种智能算法，如机器学习、深度学习、计算机视觉等，这些算法可以自动识别图像中的对象、场景和特征，并据此进行相应的处理和优化，使得摄影过程更加智能化和自动化 |
| 创意与自动化的结合 | AI 摄影不仅能够提升作品的质量，还可以激发摄影师的创意。通过智能生成、风格迁移等技术，AI 摄影能够为摄影师提供新颖的创意和灵感，同时也能够自动化一些烦琐的摄影任务，释放摄影师更多的时间 |
| 用户体验的提升 | AI 摄影可以帮助摄影师和用户更轻松地进行摄影创作和后期处理，智能化的功能和界面设计使得摄影过程更加直观和友好，降低了使用门槛，提升了用户体验 |

图 1-5　AI 摄影的本质

## 1.2　AI 摄影与传统摄影的关系

　　AI摄影与传统摄影密切相关，但又存在一些显著的区别和联系。例如，它们之间的技术手段不同、创作方式不同、自动化程度不同等。本节主要通过介绍AI摄影与传统摄影各自的优点和缺点，帮助大家更好地了解它们之间的关系，从而更好地利用AI摄影进行创作。

### 1.2.1　AI 摄影的优点

　　近年来，AI技术的发展逐渐改变了人们的生活方式和生产方式。在摄影领域，AI技术的广泛应用，促进了摄影技术的快速发展。相较于传统摄影，AI摄影具有许多独特的优点，如快速高效、图像质量高、处理效率高、创意更多、模仿各种艺术风格等，这些优点不仅提高了摄影的质量和效率，还为摄影师和用户带来了全新的体验。

❶ 快速高效：利用AI技术，AI摄影的大部分工作都可以自动进行，从而提高了出片效率；同时，对于一些重复的任务，AI摄影可以代替人来完成，能够减少资源浪费，节省大量的人力成本和时间成本。例如，使用Midjourney可以在一分钟内生成一张照片，照片效果如图1-6所示。

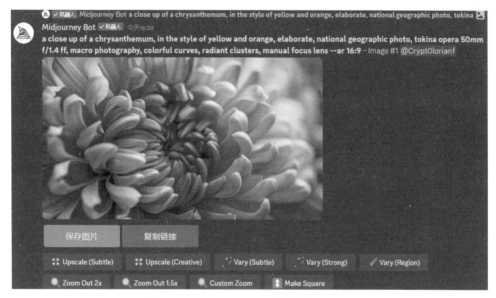

图 1-6 Midjourney 一分钟内生成的一张照片

❷ 图像质量高：AI绘图工具利用AI算法可以有效提升图像的质量，包括增强细节、降噪、自动修复瑕疵等，使图像更加清晰、生动、真实。

❸ 处理效率高：AI绘图工具可以自动处理图像的色彩、对比度、清晰度等，节省了摄影师进行烦琐后期处理的时间和精力。这种自动化的后期处理使得摄影师可以更加专注于创作过程，而不是技术细节。

❹ 创意更多：AI绘图工具可以生成、编辑和变换图像，从而实现创造性的拓展；还可以生成各种艺术风格的图像，或者创造出全新的概念和想法，为摄影带来更多的创意可能性。

❺ 模仿各种艺术风格：AI绘图工具可以模仿各种艺术风格，并将其应用到摄影作品中。这种模仿和学习过程有助于摄影师了解不同艺术风格的特点和应用，从而拓宽自己的艺术视野和创作技巧。

## 1.2.2　AI 摄影的缺点

AI摄影虽然在很多方面有显著的优点，但也存在一些潜在的缺点，如缺乏人类创造力、过度依赖技术、算法偏差和失真、隐私和伦理问题、技术依赖性和风险等。下面对AI摄影的缺点进行具体分析。

❶ 缺乏人类创造力：虽然AI绘图工具可以生成各种艺术风格的图像，但它们缺乏摄影师的创造力和情感表达，AI绘图工具生成的图像可能会缺乏独特性和个性化，难以表达人类的情感和思想。

❷ 过度依赖技术：部分摄影师可能会过度依赖AI绘图工具，从而忽视自身的摄影技术和创作能力。长期依赖AI绘图工具可能会导致摄影师丢失基本的摄影技术，降低摄影师的独立创作能力。

❸ 算法偏差和失真：AI绘图工具的训练数据可能存在偏差，导致生成的图像失真或具有某些不真实的特征。例如，生成的人物图像表情不自然、手指的数量不对、牙齿残缺、五官有问题等，生成的动物图像四肢有问题等，从而加剧社会对AI摄影的偏见。AI绘图工具生成的图像细节有问题，如图1-7所示。

图 1-7　AI 绘图工具生成的图像细节有问题

❹ 隐私和伦理问题：使用AI绘图工具可能涉及隐私和伦理方面的问题。例如，利用AI绘图工具可以轻松地合成逼真的假图像，造成图像造假的问题。此外，AI绘图工具也可能被用于违法活动，如制作虚假证件等。

❺ 技术依赖性和风险：AI绘图工具的发展和维护需要大量的技术支持和资源投入，而且技术可能会随着时间和环境的变化而过时，因此过度依赖AI绘图工具可能会使摄影师缺乏对技术的变化和未知的风险的应对能力，增加了不确定性和风险。

AI摄影作品是使用深度学习算法而生成的，而算法是建立在采集的数据之上的。所以，AI摄影的问题出在数据的采集与训练上，具体原因有以下4点。

❶ 数据采集的局限性：不齐全，不精准。

如果采集的数据中，包含的人物图像或动物图像在某些特定姿势或表情上不够丰富，那么AI可能难以准确生成这些细节。例如，如果数据集中手部或脚部的图像较少，或者主要集中在特定的几种姿势，那么生成的图像中手部或脚部的细节可能会出现问题。

❷ 解析的复杂性：既复杂，又多样。

人的手部、面部表情及动物的脚部等细节，具有高度的复杂性和多样性，AI生成模型需要捕捉到这些复杂的细节，并且在生成新图像时，正确地重现它们。由于这些细节的复杂性，模型可能会在这些区域产生不准确或不自然的图像。

❸ 训练的注意力偏差：重宏观，轻微观。

在训练AI模型的过程中，模型可能会学习到偏向于数据集中更频繁或更显眼特征的偏差。这意味着在生成图像时，模型可能会更多地关注人物的整体轮廓、颜色和质地等宏观特征，而忽视了如手部、脚部等微观细节。

❹ 生成中的逻辑限制：协调性、平衡性。

AI绘图工具在生成图像时，需要平衡多种因素，包括图像的整体协调性、风格一致性及细节的准确性。在处理如手部、脚部这样的复杂细节时，模型可能无法完美平衡这些因素，导致生成的图像在某些细节上出现逻辑错误或不一致。

那么我们如何规避AI摄影作品的这些缺点呢？首先，要提供精准的表达提示词，如"表情要自然""五官要端正""体现四条腿"等；然后，要注重提示词的语法逻辑，可以采用万能公式法——主题+主体+背景+构图+光影+颜色+画质；最后，让AI模型多生成几次，直到生成令我们满意的作品。在后期处理中，我们也可以对AI摄影作品的瑕疵进行相应处理。

## 1.2.3  传统摄影的优点

传统摄影相较于AI摄影具有更强的人类创造力和情感表达能力，更具真实性和自然感，依赖摄影师的技术和经验，具有更高的艺术性和创造性，以及更大的独立创作和自由度，这些优点使得传统摄影在摄影艺术领域仍然具有重要地位和更高的价值。

❶ 人类情感的表达：传统摄影依赖摄影师的技术、经验、创造力和情感表达能力。摄影师通过调整相机设置、构图、光线等因素来捕捉和表达自己的情感和想法，使得作品更加具有个性化和独特性。

❷ 真实性和自然感：传统摄影通过拍摄现实场景和物体，来记录和表现真实的世界，具有更强的真实性和自然感。图1-8所示为使用尼康相机真实拍摄的风光作品。

❸ 艺术性和创造性：传统摄影被视为一种艺术形式，摄影师通过自己的创造力和想象力，将现实世界中的场景和对象转化为艺术品。

❹ 独立创作和自由度：传统摄影给予了摄影师更大的独立创作和自由度，摄影师可以自由选择拍摄主题、表现方式和风格，展现自己独特的视角和风格。

图 1-8  使用尼康相机真实拍摄的风光作品

## 1.2.4　传统摄影的缺点

传统摄影虽然有其独特的魅力和优点，但也存在一些明显的缺点，如依赖人工技能、成本高昂、后期处理烦琐、创作受到限制和反应速度较慢等。这些缺点使得传统摄影在AI摄影的冲击下逐渐降低了影响力和地位。

❶ 依赖人工技能：传统摄影依赖摄影师的技术、经验和判断。相机本身并不具备智能识别和处理能力，这意味着摄影师需要花费更多的时间和精力来学习和提高摄影技术。相较于AI摄影，传统摄影更加耗费时间和精力。

❷ 成本高昂：数码相机的设备成本较高，尤其是高端型号。虽然目前数码相机的价格有所下降，但对于普通消费者来说，购买一台高质量的数码单反相机仍然需要一定的资金。相比之下，AI摄影的出现降低了摄影成本，使得摄影更加便捷。

❸ 后期处理烦琐：虽然数码相机可以拍摄RAW格式的照片，为后期处理提供了更多的空间，但后期处理的技术门槛相对较高，摄影师需要学习各种后期处理软件，并且需要投入一定的时间和精力来掌握后期处理技术。

❹ 创作受到限制：传统摄影受限于摄影师的技术和判断，往往难以实现某些复杂的效果或处理。相比之下，AI绘图工具可以生成各种复杂的效果和风格，既方便又快捷。

❺ 反应速度较慢：在某些情况下，传统摄影需要更长的拍摄时间和后期处理时间，无法满足需要即时反应和处理的场景。相比之下，AI绘图工具可以实现快速的图像处理和效果生成，提高了工作效率和反应速度。

## 1.2.5　AI 摄影是有灵魂的摄影

AI摄影需要人类思维和创造力的输入，才能生成风格独特的照片。摄影师通过提供相应的提示词和指导，引导AI绘图工具生成符合自己创意和意图的照片，从而赋予该照片灵魂。因此，AI摄影是有灵魂的创作形式，是摄影艺术发展的一个新阶段。而且，AI绘图工具可以生成具有情感和氛围的照片，甚至有时能够超越摄影师的想象力。

图1-9所示为AI绘图工具生成的风光作品。AI绘图工具捕捉到了云彩和水面的运动轨迹，生成了极具创意的慢门摄影作品，展现出了天空万物的美妙和奇幻之处。

图 1-9　AI 绘图工具生成的风光作品

　　摄影师的创造力和想象力是AI绘图工具生成风格独特照片的关键。AI绘图工具可以根据摄影师提供的提示词和指导，自动生成照片，但其生成的照片依然受到摄影师创意和想法的影响。因此，AI绘图工具生成图像的过程实际上是摄影师与算法的共同创作过程，这也体现了AI摄影与传统摄影之间的关系，其本质还是摄影师的创造力和想象力。

　　每个摄影师都有自己独特的审美观和创作风格，这种个性化的特点会反映在他们给AI绘图工具输入的提示词和指导中。因此，即使使用同样的AI绘图工具，不同摄影师生成的照片也会呈现出不同的风格和特点，这体现了摄影师的个性和灵魂。

　　摄影师通过AI绘图工具生成的照片，可以表达自己的情感、思想和内心世界，与观众产生共鸣和情感连接，这种情感表达是摄影艺术中至关重要的一部分，体现了照片的灵魂和深度。实际上，许多摄影师已经开始尝试将AI技术与摄影艺术相结合，通过AI绘图工具辅助创作，提高作品的质量和创意。对于观众来说，他们对于艺术作品的欣赏往往是主观的，不同的人对同一张照片会产生不同的感受和理解。因此，无论是由AI绘图工具生成的照片还是由摄影师拍摄的照片，都可能触发观众的情感共鸣和审美体验。

　　AI摄影对那些没有摄影技术或时间的人来说，提供了一个快速获取美观图片的途径。同时，AI摄影也能够在一些特殊场合下发挥重要作用，如在新闻报道、广告宣传等领域，能够快速生成大量符合要求的图片。图1-10所示为使用AI绘图工具生成的荷花工艺画效果，图片由AI摄影师黄人英（网名：会唱歌的鱼）提供。

图 1-10　使用 AI 绘图工具生成的荷花工艺画效果（图片由 AI 摄影师黄人英提供）

传统摄影与AI摄影之间并不是互相排斥的，而是可以相互补充、共同发展的。在未来，随着技术的不断进步和人们审美需求的变化，传统摄影与AI摄影将继续发展并相互融合，为人们带来更加丰富多彩的视觉体验。

# 1.3　了解 AI 摄影的流程

AI摄影的基本流程主要包括确定主题、确定照片的提示词、生成AI摄影作品、对AI摄影作品进行调整和后期加强作品的质感。通过摄影师的输入和指导，以及AI模型的算法和数据处理，AI绘图工具可以生成具有独特风格和效果的照片，从而拓展了摄影师的创作可能性和创意空间。

以下面这张照片（见图1-11）为例，介绍AI摄影的流程。

图 1-11　AI 摄影作品效果展示

## 1.3.1　确定主题

扫码看教学视频

在AI摄影中，我们首先需要确定AI摄影作品所要表达的主题、情感或意图。不同于传统摄影中确定要拍摄的实际主题或场景，AI摄影的主题可以是具体的，也可以是抽象的，可以是风景、花卉、人物、情感、抽象艺术等各种类型。

例如，想要生成一系列具有夏日清爽感的照片，或者想要表达对自然环境的尊重和向往，或者想要展示城市夜景的魅力等。在确定主题时，我们需要考虑自己的创作目的、观众的需求和期望，以及AI绘图工具的能力等。

我们以一张色彩斑斓的菊花特写照片为主题。菊花是自然界中的一个非常具体且视觉上吸引人的对象，因其丰富的颜色和形态被广泛应用于艺术领域中。我们需要在照片中强调花瓣上复杂的色彩，让主题突出，背景模糊，从而更加聚焦于菊花的细节和形态。

## 1.3.2　确定照片的提示词

扫码看教学视频

一旦确定了主题，我们就可以开始确定照片的提示词内容，以引导AI绘图工具生成符合主题的照片。这些提示词涉及情感、色彩、构图、风格等方面，以帮助AI绘图工具更好地理解摄影师的意图和创意，从而生成具有特定主题和情感的照片。

关于提示词的内容，我们可以根据自己的实际需求组织、编写出来，还可以通过ChatGPT生成符合主题的提示词，如图1-12所示。

图 1-12 通过 ChatGPT 生成符合主题的提示词

## 1.3.3 生成 AI 摄影作品

扫码看教学视频

基于我们输入的提示词和指导，AI绘图工具开始生成相应的照片，这通常涉及使用机器学习和深度学习算法来处理和修改图像，以生成具有特定风格和效果的照片。生成的照片不仅会受到摄影师输入的影响，还会受到算法和数据的影响。

图1-13所示为在Midjourney中输入相应的提示词，生成的AI摄影作品。

图 1-13 在 Midjourney 中输入相应的提示词，生成的 AI 摄影作品

### 1.3.4　对 AI 摄影作品进行调整

扫码看教学视频

当AI绘图工具根据提示词内容生成相应的AI摄影作品后，如果我们对该作品不满意，此时可以通过修改提示词的内容，对作品进行进一步的调整和修改，包括调整照片的色彩、对比度、曝光、构图等方面的参数，以满足特定的创作需求和审美标准。

在Midjourney中重新输入相应的提示词，重新生成的AI摄影作品，如图1-14所示。

图 1-14　重新生成的 AI 摄影作品

### 1.3.5　后期加强作品的质感

扫码看教学视频

当AI绘图工具生成理想的摄影作品后，我们可以对AI摄影作品进行后期处理，以进一步加强该作品的质感和表现力，包括调整照片的色调、修饰细节、添加滤镜等，使作品更加丰富和引人注目。例如，在Photoshop的Camera Raw中进行后期处理，可以加强作品的质感，如图1-15所示。

图 1-15　在 Camera Raw 中进行后期处理，可以加强作品的质感

# 1.4　让 AI 摄影作品更加真实

要想让AI摄影作品更加真实，就需要摄影师在前期的提示词上下功夫，以及在后期处理中通过增强图像中的纹理、细微的特征和细节，来增强作品的真实感，因为真实感可以让观众产生情感共鸣。本节将探讨如何让你的AI摄影作品更加真实。

## 1.4.1　如何判断一张照片是否为 AI 摄影作品

判断一张照片是否为AI摄影作品，需要综合考虑图像的特征、色彩和光影、情感表达、背景和环境及审美风格等多个方面的因素，下面进行相关分析。

扫码看教学视频

❶ 图像的特征：观察图像的细节和特征，AI绘图工具生成的照片可能会呈现出某种程度上的平滑或不真实感，尤其是在人物或物体的边缘和纹理上，这是因为AI绘图工具生成的图像可能会受到算法和数据的限制，难以完全捕捉到真实世界的细节和纹理。

❷ 图像的色彩和光影：AI绘图工具生成的照片在色彩和光影方面可能会呈现出某种程度上的异常或不自然感。例如，过度饱和的色彩、不合理的光影分布

等都可能是AI摄影作品的特征。

❸ 图像的情感表达：AI绘图工具生成的照片可能缺乏情感表达和真实感，尽管AI绘图工具可以根据摄影师提供的提示词生成具有情感的图像，但其表达方式可能与摄影师略有不同，缺乏真实感。

❹ 图像的背景和环境：AI绘图工具生成的照片中的背景和环境可能呈现出某种程度上的不真实感。例如，背景元素的布局、透视关系等可能与真实世界稍有不同，给人一种虚拟或合成的感觉。

❺ 图像的审美风格：某些AI绘图工具可能具有特定的审美风格或特征，其生成的照片具有一定的特点。如果一张照片显示出某种特定的审美风格，可能是由AI绘图工具生成的。

例如，图1-16所示的两幅水果照片都是由AI绘图工具生成的，它们的色彩饱和度过高，水果表面的细节和纹理不太真实，色彩也不太自然。

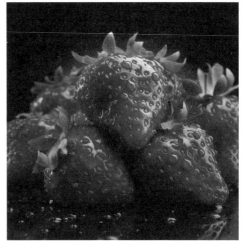

图 1-16　两幅水果照片

尽管AI技术在图像生成方面取得了巨大的进步，但仍然存在一些特征和限制，可以作为我们识别AI摄影作品的依据。但需要注意的是，并非具有上述因素的照片就是由AI绘图工具生成的。判断一张照片是否为AI摄影作品需要综合考虑多个因素，并尽量避免主观臆断。

## 1.4.2　如何让别人看不出这是 AI 摄影作品

要想让别人看不出这是一张由AI绘图工具生成的照片，可以采取以下方法。

扫码看教学视频

❶ 选择自然、真实的场景和主题：选择自然、真实的场景和主题，而不是选择过于抽象或不真实的主题，这样可以使AI绘图工具生成的照片看起来更加真实和自然。

❷ 注意细节和纹理：在照片生成和后期处理过程中，要注重细节和纹理的调整，使照片更加真实，尽量避免照片过度平滑或呈现不真实的纹理。

❸ 合理的色彩和光影：确保色彩和光影的呈现与真实世界相符合，避免照片呈现过度饱和或不自然的色彩和光影效果，调整照片的色彩和光影时要尽量保持自然和真实感。

❹ 注重情感和表达：在照片生成和后期处理中，要注重情感和表达，使照片更加生动和具有共鸣力。摄影师可以在提示词上下功夫，让照片更加真实和自然。

❺ 避免过度处理和风格化处理：避免过度使用特定的审美风格或风格化处理，尽量保持照片的原汁原味。

❻ 注意审美整合和平衡：在对照片进行各种处理和调整时，要注意审美整合和平衡，确保各种调整能够协调一致，保持照片整体的美感与和谐感。

通过以上方法，可以使照片看起来更加真实和自然，减少被看出是AI摄影作品的可能性。总的来说，要注重细节和纹理、色彩和光影的自然呈现，以及情感和表达的真实性，同时尽量避免过度处理和风格化处理，保持照片的原汁原味。图1-17所示的这张人物纪实照片就是由AI绘图工具生成的，但这张照片有自然的场景和光线，照片中人物的表情也十分自然，一看就很真实，像摄影师拍摄出来的照片。

图 1-17　人物纪实照片

## 1.4.3 AI 摄影作品同质化严重怎么办

同质化严重是AI绘图工具生成的作品面临的一个普遍问题，尤其是在使用相同的提示词或相似的输入条件下。为了应对AI摄影作品同质化严重的情况，我们可以尝试以下方法。

❶ 扩展提示词组合：尝试增加提示词或改变提示词的组合，以引导AI绘图工具生成更加多样化的图像，通过增加不同的情感、主题、场景等提示词，可以促使AI绘图工具生成不同内容的照片。

❷ 调整参数和设置：调整AI绘图工具的参数和设置，以改变生成图像的风格和效果，包括调整色彩、对比度、曝光、模糊度等参数，或者尝试不同的生成模型和算法。

❸ 引入外部素材和数据：例如，不同的图像数据集或文本语料库，可以为AI绘图工具提供更加多样化的参考和灵感，从而生成更加多样化的图像。

❹ 使用多个AI绘图工具：尝试结合多个不同的AI绘图工具或生成模型，以获得更广泛的创作可能性。不同的AI绘图工具具有不同的特点和风格，结合使用可以增加作品的多样性。图1-18所示为两个不同的AI绘图工具（剪映App和智影小程序）使用同一组提示词——"人物摄影，漂亮美女，阳光开朗，面带微笑"，生成的AI摄影作品。我们可以看到，这两个作品的风格各不相同。

图 1-18　不同的 AI 绘图工具使用同一组提示词生成的 AI 摄影作品

❺ 通过后期调整：AI绘图工具生成图像后，进行相应的后期处理（包括手动编辑、添加特效、调整局部细节等），可以增加作品的独特性和个性化。

❻ 探索创新：鼓励摄影师进行创新，探索独特的创作方法，避免简单地依赖于相同的提示词或绘画模式。摄影师通过不断探索新的创作思路和技巧，可以促进作品的多样化。

# 1.5　AI 摄影绘图的工具

如今，具备AI绘画功能的平台和工具的种类非常多，用户可以根据自己的需求选择合适的平台和工具进行绘画创作。本节将介绍手机端与电脑端较为常用的AI绘图软件或工具。

## 1.5.1　手机端 AI 绘图工具

随着AI技术的快速发展，许多手机应用程序开始整合AI绘图功能，以为用户提供更多的创作选择和便利，这些手机应用程序利用深度学习和智能算法，通过分析大量的图像数据，并学习其中的模式和特征，使用户能够轻松地生成AI摄影作品，而无须拥有专业的绘画技能。

扫码看教学视频

下面介绍几款比较好用的手机端AI绘图工具。

❶ 剪映App：剪映App是一款专业的视频编辑软件，它提供了丰富的视频编辑功能，包括剪辑、滤镜、特效等。虽然它主要用于视频编辑，但也具备一些AI绘图功能，如AI作图、AI商品图、AI特效等，可以帮助用户轻松生成满意的AI摄影作品。

❷ 豆包App：豆包App是由字节跳动公司推出的一款人工智能应用，用户可以在豆包App中输入提示词，即可获得相关图像。豆包App支持多种语言，服务全球用户，为内容创作者提供了便利。

❸ 通义千问App：通义千问App是由阿里云推出的一款语言模型工具，用户可以通过输入提示词描述图像，而模型则能够理解输入的文字并生成对应的AI摄影作品，这种结合扩展了AI的应用范围，提供了更直观、便捷的创作方式。

❹ 文心一言App：文心一言是百度研发的知识增强大语言模型，用户不仅可以使用AI推荐的提示词与模型进行对话，还可以输入自定义的提示词与AI模型进行交流，轻松创作出令自己满意的AI摄影作品。文心一言App特别适合需要频繁进行艺术创作的人群。

❺ 文心一格小程序：文心一格小程序作为一款基于深度学习技术开发的AI绘画工具，以其强大的生成能力和精准的控制手段受到了广泛的关注。其"AI创作"功能融合了艺术创意和AI技术，使得生成的画作不仅极度逼真和细腻，还散发着独特的艺术气息和创意灵感。

❻ 腾讯智影小程序：腾讯智影小程序是腾讯公司开发的一款先进的AI创作工具，其目的是利用AI技术帮助用户更加高效地创作出个性化的图片或视频内容。这款工具整合了多种AI功能，让创作过程变得更加简单和便捷。

❼ 美图秀秀App：美图秀秀App是一款广受欢迎的图像编辑软件。值得一提的是，美图秀秀App中引入了"美图AI"功能，这是一项基于AI的图像处理技术。美图AI可以理解为美图秀秀App内置的一系列智能化功能，使用先进的机器学习和图像识别技术，以为用户提供更加智能和自动化的图像编辑功能。

## 1.5.2 电脑端 AI 绘图工具

扫码看教学视频

电脑端的AI绘图工具包括剪映（Dreamina）、Midjourney、DALL·E 3及Stable Diffusion，下面进行相关讲解。

❶ 剪映（Dreamina）：剪映（Dreamina）是由字节跳动公司抖音旗下的剪映推出的一款AI图片创作和绘图工具，用户只需要提供简短的文本提示描述，这款工具就能快速根据这些描述将创意和想法转化为图像。这种方式极大地简化了创意内容的制作过程，让用户能够将更多的精力投入创意和故事的构思中，而不是花费大量时间在技术操作上。

❷ Midjourney：Midjourney是一款基于AI技术的绘图工具，它能够帮助艺术家和设计师更快速、更高效地创建数字艺术作品。Midjourney提供了各种绘图工具和指令，用户只要输入相应的提示词和指令，就能通过AI算法生成相对应的图片，极大地方便了用户的日常设计工作。

❸ DALL·E 3：DALL·E 3是OpenAI公司开发的一款先进的人工智能程序，它能够根据文字提示生成高质量、高分辨率的图片和艺术作品。DALL·E 3是DALL·E系列的第三代，继DALL·E和DALL·E 2之后推出。与前两代相比，DALL·E 3在图像的质量、创造力和细节处理方面都有显著提升。DALL·E 3通过理解文字提示中的描述，可以创造出与之匹配的图像。

❹ Stable Diffusion：Stable Diffusion是一个开源的文本到图像的生成模型，由Stability AI公司与合作伙伴共同开发。它能够根据用户提供的文字描述生成相应的图像，支持广泛的创造性和自定义内容生成。Stable Diffusion的设计目标之

一是提供一个高性能、易于使用和可访问的图像生成工具，使得更广泛的用户群体能够利用先进的AI技术进行图像创作。

另外，文心一格也有电脑端的网站平台，其界面简洁，操作方便，在第3章中会进行详细讲解。

## 本章小结

本章主要介绍了用AI赋能传统摄影方式的相关内容，首先介绍了AI摄影的基础知识；然后介绍了AI摄影与传统摄影的关系；接下来介绍了AI摄影的流程，以及如何让AI摄影作品更加真实；最后介绍了AI摄影绘图的工具。通过本章的学习，读者可以基本了解AI摄影的相关内容，为后期的学习奠定良好的基础。

## 课后习题

鉴于本章内容的重要性，也为了帮助读者更好地掌握所学知识，本节将通过课后习题，帮助读者进行简单的知识回顾。

扫码看教学视频

1. 请根据你的理解，简述什么是AI摄影，它有哪些优点。

2. 请简述AI摄影的流程，并尝试使用相应的AI文案工具，如使用生成相应的图片提示词，如图1-19所示。

扫码看教学视频

> **你**
> 我需要使用AI绘图工具创作一幅摄影作品，以水景风光摄影为主题，需要通过提示词准确描述水面的颜色、质感、流动等特点，从而表现出水景风光的美丽和优雅。请你给出相应的提示词，限30字以内
>
> **ChatGPT**
> 1. 清澈透明、涟漪荡漾
> 2. 水墨流淌、细腻如丝
> 3. 湛蓝悠远、如天空倒影
> 4. 柔和倒影、映照树影
> 5. 波光粼粼、如璀璨宝石
> 6. 湖面波涛起伏、浪花飞溅
> 7. 柔软细沙、与水相融
> 8. 水草婆娑、绿意盎然
> 9. 晨雾蒸腾、如梦如幻
> 10. 日落余晖、泛着暖色调

图 1-19　使用 ChatGPT 生成相应的图片提示词

# 第2章

# 使用手机App和小程序，
# 生成AI摄影作品

随着AI技术的发展，许多手机应用程序已经开始提供AI绘图功能，允许用户使用智能算法和深度学习模型来生成AI摄影作品。这些应用程序的界面通常简单易懂，使用户可以通过简单的步骤生成AI摄影作品。本章主要介绍使用手机App生成AI摄影作品的方法，帮助大家随时随地生成理想的AI作品。

# 2.1　使用剪映 App 生成 AI 摄影作品

剪映App是一款功能非常全面的视频剪辑软件。剪映App中的AI作图功能，通过引入先进的深度学习技术，为用户提供了生成艺术作品的便捷方式，受到了广泛的好评。本节主要介绍使用剪映App生成AI摄影作品的操作方法。

## 2.1.1　安装并打开剪映 App

扫码看教学视频

使用剪映App中的AI作图功能之前，首先需要安装并打开剪映App，下面介绍具体的操作方法。

**步骤01** 打开手机中的应用商店，如图2-1所示。

**步骤02** 点击搜索栏，在搜索文本框中输入"剪映"，点击"搜索"按钮，即可搜索到剪映App，点击剪映App右侧的"安装"按钮，如图2-2所示，即可开始下载并自动安装剪映App。

**步骤03** 安装完成后，在手机桌面上会显示剪映App的应用程序图标，如图2-3所示。

图 2-1　打开手机中的应用商店　　图 2-2　点击剪映 App 右侧的"安　　图 2-3　显示剪映 App 的应用
　　　　　　　　　　　　　　　　　　　　　装"按钮　　　　　　　　　　　程序图标

**步骤04** 点击剪映App的应用程序图标，进入剪映App界面，弹出"个人信息保护指引"面板，点击"同意"按钮，如图2-4所示。

**步骤05** 进入剪映App的"剪辑"界面，点击右上角的"展开"按钮，如

图2-5所示。

步骤 06 展开相应面板，找到"AI作图"，如图2-6所示，我们就可以通过使用剪映App中的AI作图功能进行AI摄影创作了。

图 2-4　点击"同意"按钮

图 2-5　点击"展开"按钮

图 2-6　"AI 作图"功能

## 2.1.2　使用自定义的提示词绘图

扫码看教学视频

只要在文本框中输入相应的提示词内容，即可使用剪映App的AI作图功能进行AI绘图，效果如图2-7所示。

图 2-7　使用剪映 App 的 AI 作图功能进行 AI 绘图的效果

下面介绍自定义的提示词进行AI绘图的操作方法。

步骤 01 在"剪辑"界面中，点击右上角的"展开"按钮，展开相应面板，点击"AI作图"图标，如图2-8所示。

**步骤02** 执行上述操作后，进入AI作图界面，点击该界面中间的输入框，如图2-9所示。

图 2-8　点击"AI 作图"图标

图 2-9　点击中间的输入框

**步骤03** 在输入框输入相应的提示词内容，点击"立即生成"按钮，如图2-10所示。

**步骤04** 执行上述操作后，进入"创作"界面，该界面显示了刚生成的AI摄影作品，选择第4张图片，点击"超清图"按钮，如图2-11所示。

图 2-10　点击"立即生成"按钮

图 2-11　点击"超清图"按钮

步骤 05 执行上述操作后，即可看到高清图片。点击生成的图片，如图2-12所示。

步骤 06 进入相应界面，点击右上角的"导出"按钮，如图2-13所示，即可导出图片。

图 2-12　点击生成的图片　　　　　　图 2-13　点击"导出"按钮

## 2.1.3　使用灵感库中的提示词绘图

使用AI作图功能时，有一个"灵感"界面，该界面提供了一系列优秀作品和相应的提示词，用户通过观察和分析别人的优秀作品，可 扫码看教学视频 以学习到不同的艺术风格、构图技巧，以及如何有效地使用提示词来引导AI生成期望的图像。使用灵感库中的提示词绘画的效果如图2-14所示，这对于初学者来说是一种快速提高创作能力的方法。

图 2-14　使用灵感库中的提示词绘画的效果

下面介绍使用灵感库中的提示词进行AI绘图的操作方法。

步骤01 在"剪辑"界面中，点击右上角的"展开"按钮，展开相应面板，点击"AI作图"图标，进入"创作"界面，点击"灵感"标签，进入"灵感"界面，如图2-15所示。

步骤02 点击上方的"摄影"标签，切换至"摄影"选项卡，选择相应的图片模板，点击"做同款"按钮，如图2-16所示。

图 2-15 进入"灵感"界面

图 2-16 点击"做同款"按钮

步骤03 进入"创作"界面，该界面的文本框中显示了模板中的提示词内容，点击"立即生成"按钮，如图 2-17 所示。

步骤04 执行上述操作后，即可生成相应类型的AI图片，如图2-18所示。

图 2-17 点击"立即生成"
按钮

图 2-18 生成相应类型的 AI
图片

## 2.1.4　给自己的照片更换 AI 背景

扫码看教学视频

在剪映App中，不仅可以生成全新的AI摄影作品，还可以为自己的照片更换AI背景，如风光背景、海边背景等。原来的照片和更换AI背景后的照片素材与效果对比如图2-19所示。

图 2-19　原来的照片和更换 AI 背景后的照片效果对比

下面介绍给自己的照片更换AI背景的操作方法。

步骤 01 在"剪辑"界面中，点击右上角的"展开"按钮，展开相应面板，点击"AI作图"图标，进入"创作"界面，点击左下角的按钮，如图2-20所示。

步骤 02 进入"照片视频"界面，选择一张自己的照片，点击"添加"按钮，如图 2-21 所示。

步骤 03 进入"参考图"界面，点击"主体"按钮，如图2-22所示，即可自动选中主体部分。

图 2-20　点击左下角的图按钮　　图 2-21　点击"添加"按钮

步骤 04 点击"保存"按钮，如图2-23所示，即可保存图片。

图 2-22　点击"主体"按钮

图 2-23　点击"保存"按钮

步骤 05 进入"创作"界面，在文本框中输入相应的提示词，点击"立即生成"按钮，如图2-24所示。

步骤 06 执行上述操作后，即可生成相应的人物背景图片，如图2-25所示。

图 2-24　点击"立即生成"按钮

图 2-25　生成相应的人物背景图片

## 2.1.5 给自己的照片更换服装和场景

对于用户来说，给自己的照片更换服装和场景可以带来乐趣，他们可以将自己的照片变换成不同的风格，用于不同的社交媒体。给自己的照片更换服装和场景前后效果对比如图2-26所示。

图 2-26 给自己的照片更换服装和场景前后效果对比

下面介绍给自己的照片更换服装和场景的操作方法。

步骤01 在"剪辑"界面中，点击右上角的"展开"按钮，展开相应面板，点击"AI作图"图标，进入"创作"界面，点击左下角的■按钮，如图 2-27 所示。

步骤02 进入"照片视频"界面，选择一张照片，点击"添加"按钮，如图 2-28 所示。

步骤03 进入"参考图"界面，点击"人物长相"按钮，识别人物的长相，如图 2-29 所示。

图 2-27 点击左下角的■按钮　　图 2-28 点击"添加"按钮

步骤 **04** 点击"保存"按钮，进入"创作"界面，输入相应的提示词，点击"立即生成"按钮，如图 2-30 所示。

步骤 **05** 执行上述操作后，即可给自己的照片更换服装和场景，生成的图片如图2-31所示。

图 2-29　点击"保存"按钮　　图 2-30　点击"立即生成"按钮　　图 2-31　生成图片

# 2.2　使用豆包 App 生成 AI 摄影作品

豆包App融合了前沿的AI技术，为用户提供多样化的交互体验。豆包App的主要功能如下。

❶ 文生文：用户输入文本，豆包App会根据输入内容智能生成相关的文本信息，这个功能可以应用于内容创作、对话模拟、问答等多种场景。

❷ 文生图：用户提供文本描述，豆包App能够根据描述生成相应的图片，为用户提供了极大的便利。无论是社交媒体内容制作还是插画创作，豆包App都能够快速帮助用户得到想要的图片。

❸ 多语种支持：豆包App支持多种语言，服务于全球用户，跨越语言障碍进行交流和内容创作。

随着技术的不断进步和用户反馈的积累，豆包App未来有望在多个领域发挥更大的作用，成为人们日常生活和工作中不可或缺的工具之一。

本节主要介绍使用豆包App生成AI摄影作品的操作方法。

## 2.2.1 安装并打开豆包 App

字节跳动公司提供网页端、iOS和Android端的豆包应用程序，用户可以使用手机号或抖音账号进行登录。下面介绍安装并打开豆包App的操作方法。

步骤01 在手机的应用商店中输入并搜索"豆包"，在搜索结果中，点击豆包App右侧的"安装"按钮，如图 2-32 所示，即可开始下载并自动安装豆包 App。

步骤02 安装完成后，点击软件右侧的"打开"按钮，如图 2-33 所示。

步骤03 弹出"欢迎使用 豆包"面板，点击"同意"按钮，如图2-34所示。

图 2-32 点击豆包 App 右侧的"安装"按钮

图 2-33 点击豆包 App 右侧的"打开"按钮

步骤04 进入相应界面，选中底部的"已阅读并同意豆包的服务协议和隐私政策"选项，点击"抖音一键登录"按钮，如图2-35所示。

步骤05 执行上述操作后，即可快速进入"对话"界面，如图2-36所示。

图 2-34 点击"同意"按钮

图 2-35 点击相应按钮

图 2-36 进入"对话"界面

## 2.2.2　使用豆包 App 直接生成 AI 摄影作品

打开豆包App中的"豆包"界面，与"豆包"进行对话，输入相应的文字内容，可以获取想要的图片或文案。使用豆包App生成的图片效果如图2-37所示。

图 2-37　使用豆包 App 生成的图片效果

下面介绍使用豆包App直接生成AI摄影作品的操作方法。

步骤01 打开豆包App，进入"对话"界面，选择"豆包"选项，如图2-38所示。

步骤02 打开"豆包"界面，其中显示了相关信息，如图2-39所示。

图 2-38　选择"豆包"选项　　　　图 2-39　显示了相关信息

步骤 03 在文本框中，输入相应的提示词，如图2-40所示。

步骤 04 点击右侧的发送按钮↑，即可生成相应的AI摄影作品，如图2-41所示。

图 2-40　输入相应的提示词

图 2-41　生成相应的 AI 摄影作品

步骤 05 任意点击一张照片，如点击第1张图片，即可放大显示，如图2-42所示。

步骤 06 任意点击一张照片，如点击第3张图片，然后点击下载按钮↓，如图2-43所示，即可下载图片。

图 2-42　放大显示第 1 张图片

图 2-43　点击下载按钮↓

## 2.2.3　使用 AI 图片生成功能进行绘图

扫码看教学视频

豆包App中的"AI图片生成"功能，是指利用AI技术，特别是深度学习模型，来理解用户输入的文本描述，并基于这些描述生成相应的图像。使用AI图片生成功能生成的图片效果如图2-44所示。

图 2-44　使用 AI 图片生成功能生成的图片效果

下面介绍使用AI图片生成功能进行绘图的操作方法。

步骤01 打开豆包App，进入"对话"界面，选择"AI图片生成"选项，如图2-45所示。

步骤02 进入"创作"界面，点击下方的文本框，如图2-46所示。

图 2-45　选择"AI 图片生成"选项　　　图 2-46　点击下方的文本框

步骤 **03** 在文本框中输入相应的提示词，点击右侧的发送按钮，如图2-47所示。

步骤 **04** 执行上述操作后，即可生成相应的AI摄影作品，如图2-48所示。

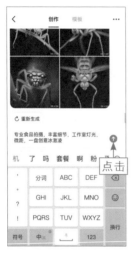

图 2-47　点击右侧的发送按钮

图 2-48　生成相应的 AI 摄影作品

步骤 **05** 任意点击一张照片，如点击第 2 张图片，即可放大显示，如图2-49所示。

步骤 **06** 任意点击一张照片，如点击第3张图片，然后点击下载按钮，如图2-50所示，即可下载图片。

图 2-49　放大显示第 2 张图片

图 2-50　点击下载按钮

☆ 专家提醒 ☆

豆包 App 的界面设计简洁明了，用户可以轻松地通过语音输入进行交互，而且豆包 App 支持多种语音音色选择，使得交流更为自然亲切。用户还可以自定义 AI 智能体 ( 类似于 AI 伴侣 )，通过提问和交流来逐步塑造智能体的性格和知识库，以满足个性化的使用场景。

# 2.3　使用通义千问 App 生成 AI 摄影作品

通义千问App是阿里云推出的一个先进的语言模型，具备多项功能，在多轮对话、内容创作、多模态理解等方面为用户提供强大的支持。这类模型的发展对于AI领域是一个重要的里程碑，预示着未来在人机交互、自动化内容创作及跨文化交流等领域的巨大潜力和广阔前景。本节主要介绍使用通义千问App生成AI摄影作品的操作方法。

## 2.3.1　安装并打开通义千问 App

用户使用通义千问App生成AI摄影作品之前，首先需要安装并打开通义千问App，具体操作步骤如下。

扫码看教学视频

步骤01 在手机的应用商店中输入并搜索"通义千问"，在搜索结果中，点击软件右侧的"安装"按钮，如图2-51所示，即可开始下载并自动安装通义千问App。

步骤02 安装完成后，点击软件右侧的"打开"按钮，如图2-52所示。

步骤03 弹出"用户协议及隐私政策提示"面板，点击"同意"按钮，如图 2-53 所示。

步骤04 执行上述操作后，进入相应界面，用户需要使用自己的手机号码注册通义千问账号，注册完成后，即可进入通义千问的"对话"界面，如图 2-54 所示。

图2-51　点击软件右侧的"安装"按钮

图2-52　点击软件右侧的"打开"按钮

图 2-53　点击"同意"按钮　　　　图 2-54　进入通义千问的"对话"界面

## 2.3.2　使用提示词生成 AI 摄影作品

扫码看教学视频

　　在通义千问App中，用户输入相应的提示词内容，即可得到符合自己要求的AI摄影作品。使用提示词生成的AI摄影作品效果如图2-55所示。

图 2-55　使用提示词生成的 AI 摄影作品效果

　　下面介绍使用提示词生成AI摄影作品的操作方法。

　　**步骤01**　打开通义千问App，进入"对话"界面，点击"频道"标签，如图2-56所示。

步骤 02 进入"频道"界面，选择"文字作画"选项，如图2-57所示。

图 2-56　点击"频道"标签　　　　　图 2-57　选择"文字作画"选项

步骤 03 进入相应界面，在上方文本框中输入相应提示词，如图2-58所示。

步骤 04 点击"油画"按钮，如图2-59所示，添加油画风格。

图 2-58　输入相应提示词　　　　　图 2-59　点击"油画"按钮

步骤 05 点击"生成创意画作"按钮，进入"创作记录"界面，其中显示了刚生成的AI摄影作品，如图2-60所示。

步骤 06 任意点击一张图片，放大显示图片效果，点击下载按钮↧，如图2-61所示，下载喜欢的图片。

图 2-60　AI 摄影作品

图 2-61　点击下载按钮 ↓

# 2.4　使用其他 App 和小程序生成 AI 摄影作品

除上述介绍的3款手机App AI绘图工具外，还有几款比较好用的App和小程序，如文心一言App、文心一格小程序、腾讯智影小程序和美图秀秀App，本节将向读者进行详细讲解。

## 2.4.1　使用文心一言 App 生成 AI 摄影作品

扫码看教学视频

文心一言是百度研发的知识增强大语言模型，能够与人对话互动、回答问题、协助创作，高效便捷地帮助人们获取信息、知识和灵感。使用文心一言创作的AI摄影作品如图2-62所示。

图 2-62　使用文心一言创作的 AI 摄影作品

下面介绍下载、安装并使用文心一言App生成AI摄影作品的操作方法。

步骤01 在手机的应用商店中输入并搜索"文心一言"，在搜索结果中，点击"文心一言"右侧的"安装"按钮，如图2-63所示，即可开始下载并自动安装文心一言App。

步骤02 安装完成后，点击"文心一言"右侧的"打开"按钮，如图 2-64 所示。

图 2-63　点击"文心一言"右侧的"安装"按钮　　图 2-64　点击"文心一言"右侧的"打开"按钮

步骤03 弹出"温馨提示"面板，其中显示了软件的相关协议信息，点击"同意"按钮，如图2-65所示。

步骤04 进入账号登录界面，选择需要登录的账号，弹出相应面板，点击"同意并继续"按钮，如图2-66所示。

步骤05 进入"助手"界面，在下方文本框中输入相应的提示词，如图2-67所示。

图 2-65　点击"同意"按钮　　图 2-66　点击"同意并继续"按钮

**步骤06** 点击发送按钮❼，即可得到文心一言App生成的AI摄影作品，如图2-68所示。

图 2-67　输入相应的提示词

图 2-68　生成的 AI 摄影作品

## 2.4.2　使用文心一格小程序生成 AI 摄影作品

文心一格小程序是一个非常有潜力的AI绘图工具，可以帮助用户实现更高效、更有创意的绘图创作，帮助大家实现"一语成画"的愿望，更轻松地创作出引人入胜的精美画作。使用文心一格小程序创作的AI摄影作品如图2-69所示。

扫码看教学视频

图 2-69　使用文心一格小程序创作的 AI 摄影作品

下面介绍搜索、打开并使用文心一格小程序生成AI摄影作品的操作方法。

步骤01 打开"微信"界面，如图2-70所示。

步骤02 从上往下滑动界面，进入"最近"界面，点击"搜索"按钮，如图2-71所示。

图 2-70　打开"微信"界面

图 2-71　点击"搜索"按钮

步骤03 输入需要搜索的内容"文心一格"，即可显示搜索到的小程序，如图 2-72 所示。

步骤04 点击"文心一格"小程序，进入"文心一格"界面，点击底部的"AI 创作"按钮，如图 2-73 所示。

步骤05 执行上述操作后，进入"AI 创作"界面，如图 2-74 所示。

步骤06 在"AI 创作"界面上方文本框中输入相应的提示词，点击"立即生成"按钮，如图 2-75 所示。

图 2-72　显示搜索到的
小程序

图 2-73　点击底部的"AI 创
作"按钮

图 2-74　进入"AI 创作"界面

图 2-75　点击"立即生成"按钮

步骤**07** 进入"预览图"界面，其中显示了刚生成的4幅AI摄影作品，如图2-76所示。

步骤**08** 任意点击一张图片，如点击第2幅图片，点击"提升分辨率"按钮，如图2-77所示。

步骤**09** 执行上述操作后，即可提升AI图片的分辨率，点击"下载"按钮，如图2-78所示，即可下载图片。

图 2-76　生成 AI 作品

图 2-77　点击"提升分辨率"按钮

图 2-78　点击"下载"按钮

## 2.4.3　使用腾讯智影小程序生成 AI 摄影作品

腾讯智影小程序是一款云端智能视频创作工具，它拥有强大的AI智能工具，集合了AI绘画、照片播报、数字人播放和智能配音等功能，旨在提升用户的创作效率，让用户轻松创作出满意的图片或视频作品。使用腾讯智影小程序创作的AI摄影作品如图2-79所示。

图 2-79　使用腾讯智影小程序创作的 AI 摄影作品

下面介绍搜索、打开并使用腾讯智影小程序生成AI摄影作品的操作方法。

步骤01 打开"微信"界面，从上往下滑动界面，进入"最近"界面，点击"搜索"按钮，输入需要搜索的内容"腾讯智影"，即可显示搜索到的小程序，如图 2-80 所示。

步骤02 点击"腾讯智影"小程序，进入"腾讯智影"界面，点击"AI 绘画"按钮，如图 2-81 所示。

步骤03 进入"智影 AI 绘画"界面，切换至"人像绘画"选项卡，输入相应的提示词，选择"高清写实"模型主题，点击"立即生成"按钮，如图 2-82所示，即可生成相应的 AI 摄影作品。

图 2-80　显示搜索到的小程序

图 2-81　点击"AI 绘画"按钮

步骤 04 点击第2张图片，点击"下载"按钮，如图2-83所示，即可下载相应图片。

步骤 05 点击第3张图片，点击"下载"按钮，如图2-84所示，即可下载相应图片。

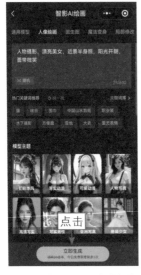  

图 2-82 点击"立即生成"按钮　图 2-83 点击"下载"按钮（1）　图 2-84 点击"下载"按钮（2）

## 2.4.4　使用美图秀秀 App 生成 AI 摄影作品

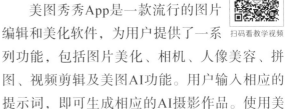
扫码看教学视频

美图秀秀App是一款流行的图片编辑和美化软件，为用户提供了一系列功能，包括图片美化、相机、人像美容、拼图、视频剪辑及美图AI功能。用户输入相应的提示词，即可生成相应的AI摄影作品。使用美图秀秀App生成的AI摄影作品如图2-85所示。

下面介绍下载、安装并使用美图秀秀App生成AI摄影作品的操作方法。

图 2-85 使用美图秀秀 App 生成的 AI
摄影作品

步骤01 在手机的应用商店中输入并搜索"美图秀秀"，在搜索结果中，点击"美图秀秀"右侧的"安装"按钮，如图2-86所示，即可开始下载并自动安装美图秀秀App。

步骤02 安装完成后，点击"美图秀秀"右侧的"打开"按钮，如图 2-87 所示。

图 2-86　点击"美图秀秀"右侧的"安装"按钮　　图 2-87　点击"美图秀秀"右侧的"打开"按钮

步骤03 弹出"温馨提示"面板，其中显示了软件的相关协议信息，点击"同意并继续"按钮，如图 2-88 所示。

步骤04 进入美图秀秀 App 主界面，如图 2-89 所示。

步骤05 点击主界面底部的"美图 AI"标签，进入"美图 AI"界面，切换至"AI 绘画"选项卡，如图 2-90 所示，显示了"文生图"的相关功能。

步骤06 输入相应的提示词，点击"一键创作"按钮，如图2-91所示。

图 2-88　点击"同意并继续"
按钮

图 2-89　进入美图秀秀 App
主界面

**步骤07** 此时，美图秀秀App要求用户登录账号，勾选底部的相关协议复选框，点击"一键登录"按钮，如图2-92所示。

图 2-90　切换至"AI 绘画"选项卡　　图 2-91　点击"一键创作"按钮　　图 2-92　点击"一键登录"按钮

**步骤08** 执行上述操作后，即可登录账号并进入相应界面，查看生成的AI摄影作品，如图2-93所示。

**步骤09** 点击第1张照片，放大显示照片，点击"保存图片"按钮，如图2-94所示，即可保存相应AI摄影作品。

图 2-93　查看生成的 AI 摄影作品　　　　　　图 2-94　点击"保存图片"按钮

# 本章小结

　　本章主要介绍了使用手机App或小程序生成AI摄影作品的方法，包括剪映、豆包App、通义千问App、文心一言App、文心一格小程序、腾讯智影小程序及美图秀秀App等，每个App或小程序都介绍了下载与打开的方法，并详细讲解了以文生图的过程，帮助大家随时随地进行AI创作。通过本章的学习，读者可以熟练掌握使用手机App或小程序生成AI摄影作品的技法。

# 课后习题

　　鉴于本章内容的重要性，为了帮助读者更好地掌握所学知识，本节将通过课后习题，帮助读者进行简单的知识回顾。

　　1. 使用剪映App生成一幅风光摄影作品，效果如图2-95所示。

　　2. 使用豆包App生成一幅建筑摄影作品，效果如图2-96所示。

图 2-95　风光摄影作品　　　　　　　　图 2-96　建筑摄影作品

扫码看教学视频　　　　　　　　　　　　扫码看教学视频

# 第3章

# 使用3个网站平台，生成创意作品

上一章向读者介绍了使用手机App和小程序生成AI摄影作品的方法，本章再介绍3个常用的网站平台——剪映（Dreamina）、文心一格及Stable Diffusion，帮助大家一键生成创意作品。这3个平台，功能都十分强大。

# 3.1　使用剪映（Dreamina）生成 AI 作品

剪映（Dreamina）是进行AI图片创作的一个平台。剪映（Dreamina）利用先进的AI技术，可以识别用户输入的提示词内容，并基于这些提示词生成与之匹配的高质量图像。这样的工具对于需要快速生成创意内容的用户来说是一个巨大的福音，尤其是在内容创作竞争激烈的抖音平台上。本节主要介绍使用剪映（Dreamina）生成AI作品的操作方法。

## 3.1.1　打开并登录剪映（Dreamina）账号

扫码看教学视频

使用剪映（Dreamina）生成AI作品，首先需要打开剪映（Dreamina）网站，并登录相关账号，才可以进行AI绘图，具体操作步骤如下。

步骤 01 在电脑中打开浏览器，输入剪映（Dreamina）的官方网址，打开官方网站，如图3-1所示。

图 3-1　打开官方网站

☆ 专家提醒 ☆

剪映（Dreamina）的应用范围和功能还在不断扩展中，它不仅限于传统的图片和视频创作，未来可能还会涉及更多的艺术创作领域，如动画、游戏设计等。对于创作者来说，剪映（Dreamina）开辟了一条快速将创意变为现实的新途径，使得个人和专业创作都能以较低的门槛享受到 AI 带来的便利。

步骤 02 在网页的右上角，单击"登录"按钮，进入相应页面，选中相关的协议复选框，然后单击"登录"按钮，如图3-2所示。

图 3-2　单击"登录"按钮

步骤 03 登录账号后"抖音"窗口弹出，打开手机上的抖音App，进入扫一扫界面，然后用手机扫描窗口中的二维码，如图3-3所示。

图 3-3　扫描窗口中的二维码

☆ 专家提醒 ☆

如果用户没有抖音账号，可以去手机的应用商店中下载抖音 App，然后通过手机号码注册、登录，打开抖音 App 界面，点击左上角的 ≡ 按钮，在弹出的列表框中点击"扫一扫"按钮，即可进入扫一扫界面。

步骤04 执行上述操作后，在手机上同意授权，即可登录剪映（Dreamina）
账号，右上角显示抖音账号的头像表示登录成功，如图3-4所示。

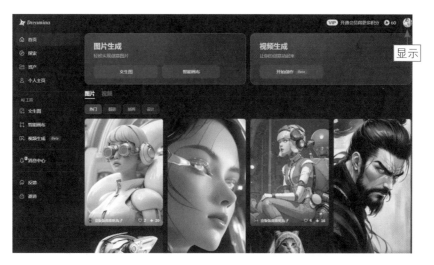

图 3-4　右上角显示抖音账号的头像表示登录成功

## 3.1.2　使用"文生图"功能创作 AI 作品

使用剪映（Dreamina）中的"文生图"功能，输入相应的提示
词，选择合适的模型，然后设置相应的图片比例，即可轻松创作出令
人满意的AI作品。使用剪映（Dreamina）创作出的AI作品效果如图3-5所示。

扫码看教学视频

图 3-5　使用剪映（Dreamina）创作出的 AI 作品效果

下面介绍使用"文生图"功能创作AI作品的操作方法。

步骤 01 在剪映（Dreamina）首页的"图片生成"选项区中，单击"文生图"按钮，如图3-6所示。

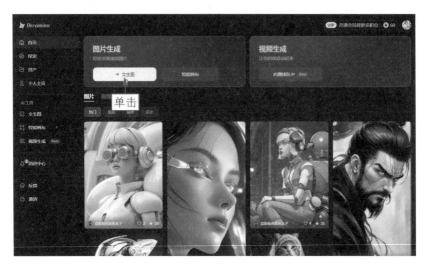

图 3-6 单击"文生图"按钮

步骤 02 执行上述操作后，进入"图片生成"页面，在左侧的"输入"文本框中输入相应的提示词内容，如"未来，多村小镇，中式风格，风景美丽，8k高清"，如图3-7所示。

图 3-7 输入相应的提示词内容

步骤 03 单击"模型"右侧的下三角按钮，展开"模型"选项区，在"生图模型"列表框中选择一个合适的大模型，在下方设置"精细度"为35，如图3-8所示。设置AI图片的精细度，能够使生成的AI图片更加真实。

步骤 04 单击"比例"右侧的下三角按钮，展开"比例"选项区，选择3：2选项，如图3-9所示。将AI图片的比例设置为3：2，这种宽高比通常被认为是相机拍摄的标准比例，因为它与35毫米底片相机的传统比例相匹配。

图 3-8　设置"精细度"为 35

图 3-9　选择 3：2 选项

步骤 05 单击"立即生成"按钮，稍等片刻，即可生成4张符合提示词内容的AI图片，单击第3张图片中的"超清图"按钮 HD，如图3-10所示。

图 3-10　单击第 3 张图片中的"超清图"按钮 HD

步骤 06 执行上述操作后，即可生成超清晰的AI图片。将鼠标移至图片上，单击"下载"按钮，如图3-11所示，即可下载AI图片。

图 3-11　单击"下载"按钮

## 3.1.3　使用"做同款"功能生成 AI 作品

扫码看教学视频

在"探索"界面中，有许多优秀的AI作品。如果用户喜欢某个作品，可以单击"做同款"按钮，使用相同的提示词创作出类似的AI作品。使用"做同款"生成的AI作品效果如图3-12所示。

图 3-12　使用"做同款"生成的 AI 作品效果

下面介绍使用"做同款"生成AI作品的操作方法。

**步骤01** 在剪映（Dreamina）首页中，单击左侧的"探索"标签，进入"探索"页面，在"图片"选项卡中选择一幅自己喜欢的AI作品，单击"做同款"按钮，如图3-13所示。

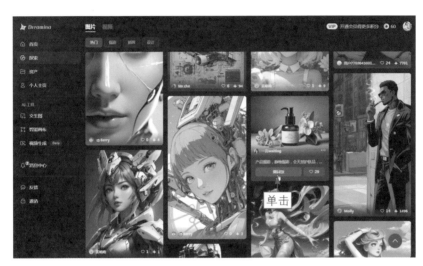

图 3-13　单击"做同款"按钮

**步骤02** 弹出"图片生成"面板，在"输入"文本框中显示了这幅AI作品的提示词内容，如图3-14所示。

图 3-14　显示了这幅 AI 作品的提示词内容

**步骤03** 展开"模型"选项，选择相应的生图模型；展开"比例"选项，选择相应的生图比例,单击"立即生成"按钮,如图3-15所示。

步骤 **04** 稍等片刻,即可生成4张符合提示词内容的AI图片,单击第1张图片中的"超清图"按钮HD,如图3-16所示。

图 3-15　单击"立即生成"按钮

图 3-16　单击第 1 张图片中的"超清图"按钮HD

步骤 **05** 执行上述操作后,即可生成超清晰的AI图片。将鼠标移至图片上,单击"下载"按钮,如图3-17所示,即可下载AI图片。

图 3-17　单击"下载"按钮

## 3.1.4　使用"视频生成"功能创作短视频

在数字时代的浪潮中,视频内容已成为信息传播和娱乐产业的核心驱动力,随着AI技术的飞速发展,视频生成模型正逐渐从概念走向现实。

扫码看教学视频

　　剪映（Dreamina）中的"视频生成"功能可以免费生成3秒的视频效果，该功能主要利用深度学习、计算机视觉和自然语言处理等技术，可以自动生成各种类型的视频，包括动画、影片、特效视频等。用户可以通过输入文字、图像等内容来启动生成过程，剪映（Dreamina）会根据输入的内容生成相应的视频。使用"视频生成"功能创作的短视频效果如图3-18所示。

图 3-18　使用"视频生成"功能创作的短视频效果

　　下面介绍使用"视频生成"功能创作短视频的操作方法。

　　**步骤 01** 在剪映（Dreamina）首页的"视频生成"选项区中，单击"视频生成"按钮，如图3-19所示。

图 3-19　单击"视频生成"按钮

☆ 专家提醒 ☆

目前,剪映(Dreamina)每天会给账号赠送 60 积分,生成一个视频需要花 12 积分,一天可以生成 5 个视频。如果开通会员,可以获得更多的积分。

步骤 02 进入"视频生成"页面,如图3-20所示。在该页面的"图片生视频"选项卡中,单击"上传图片"按钮,上传一张图片,可以生成相应的视频效果。

图 3-20 进入"视频生成"页面

步骤 03 单击"文本生视频"标签,切换至"文本生视频"选项卡,在文本框中输入相应的提示词,如图3-21所示。

图 3-21 输入相应的提示词

步骤 04 在下方设置"运镜类型"为"保持镜头""视频比例"为9∶16，如图3-22所示。

图 3-22　设置运镜类型与视频比例

步骤 05 单击"生成视频"按钮，稍等片刻，即可生成相应的视频效果。在右侧面板中可以预览生成的视频效果，如图3-23所示。

图 3-23　预览生成的视频效果

## 3.2　使用文心一格生成 AI 作品

文心一格通过AI技术的应用，为用户提供了一系列高效、具有创造力的AI创作工具和服务，让用户在艺术和创作方面能够更自由、更高效地实现自己的创意想法。本节主要介绍文心一格网页版的AI绘画方法，帮助大家实现"一语成画"的愿望。

## 3.2.1 打开并登录文心一格账号

文心一格是百度在AI领域持续研发和创新的一款产品。百度在自然语言处理、图像识别等领域中积累了深厚的技术实力和海量的数据资源，以此为基础不断推进AI技术在各个领域的应用。下面介绍打开并登录文心一格账号的操作方法。

步骤 01 打开浏览器，输入文心一格的官方网址，如图3-24所示，打开网站。

图 3-24  打开文心一格的官方网站

步骤 02 在网页的右上角位置，单击"登录"按钮，进入相应页面。该页面提示用户需要使用百度App扫码登录，如图3-25所示。

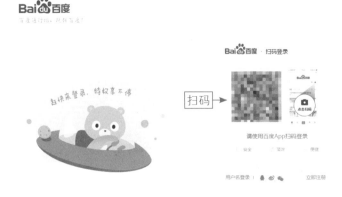

图 3-25  提示用户需要使用百度 App 扫码登录

**步骤 03** 在手机上打开百度App，进入主界面，点击"我的"标签，如图3-26
所示。

**步骤 04** 进入"我的"界面，点击右上角的扫一扫按钮，如图3-27所示。

**步骤 05** 打开扫码界面，扫描图3-25中的二维码，此时手机上提示扫码登录
信息，点击"确认登录"按钮，如图3-28所示。

图 3-26　点击"我的"标签　　图 3-27　点击扫一扫按钮　　图 3-28　点击"确认登录"按钮

**步骤 06** 执行上述操作后，即可登录文心一格账号。该页面中显示了账号的
相关信息和电量，如图3-29所示。

图 3-29　显示了账号的相关信息和电量

## 3.2.2 使用提示词生成 AI 作品

扫码看教学视频

对于新手来说，可以直接使用文心一格的"推荐"AI绘画模式，只需输入提示词（该平台也将其称为创意），即可让AI自动生成画作。使用提示词生成的AI作品效果如图3-30所示。

图 3-30　使用提示词生成的 AI 作品效果

下面介绍使用提示词生成AI作品的操作方法。

**步骤01** 登录文心一格后，单击"立即创作"按钮，进入"AI创作"页面，在"推荐"选项卡中输入相应的提示词，如图3-31所示。

图 3-31　输入相应的提示词

**步骤 02** 在下方设置"数量"为 2，单击"立即生成"按钮，如图 3-32 所示。

图 3-32  单击"立即生成"按钮

☆ 专家提醒 ☆

使用文心一格的"自定义" AI 绘画模式，用户可以设置更多的提示词，从而让生成的图片效果更加符合自己的需求。

**步骤 03** 执行上述操作后，即可生成两幅 AI 绘画作品，效果如图 3-33 所示。

图 3-33  生成两幅 AI 绘画作品

**步骤 04** 单击生成的图片，即可放大预览图片效果，如图3-34所示。

图 3-34　放大预览图片效果

## 3.2.3　使用"上传参考图"功能创作 AI 作品

扫码看教学视频

　　用户可以使用文心一格的"上传参考图"功能，任意上传一张图片，通过文字描述想修改的地方，实现以图生图的效果。使用"上传参考图"功能创作的AI作品效果如图3-35所示。

图 3-35　使用"上传参考图"功能创作的 AI 作品效果

　　下面介绍使用"上传参考图"功能创作AI作品的操作方法。

步骤01 在"AI 创作"页面的"自定义"选项卡中，输入相应提示词，在"选择 AI 画师"下方选择"具象"选项，如图 3-36 所示，可以使生成的图片更加精细、具体。

图 3-36　选择"具象"选项

步骤02 在"上传参考图"选项区中，单击"我的作品"文字链接，弹出相应面板，切换至"上传本地图片"面板，单击"选择文件"按钮，如图 3-37 所示。

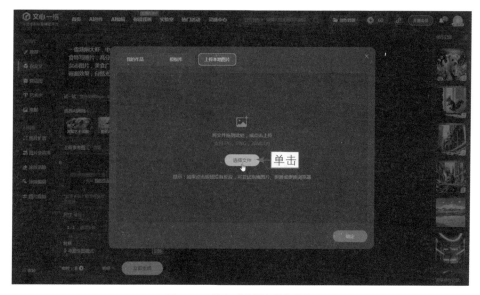

图 3-37　单击"选择文件"按钮

步骤 03 执行上述操作后，弹出"打开"对话框，在其中选择相应的参考图，如图3-38所示。

步骤 04 单击"打开"按钮，此时在"上传本地图片"面板中显示了上传的参考图，单击"确定"按钮，如图3-39所示。

图 3-38　选择相应的参考图　　　　　　　图 3-39　单击"确定"按钮

☆ 专家提醒 ☆

在图 3-39 所示的图中，各面板名称含义如下。

· 我的作品：可以从账号中生成的 AI 作品中选择相应的参考图。

· 模板库：可以从文心一格的模板库中选择相应的参考图。

· 上传本地图片：可以上传本地文件夹中的任意图片作为参考图。

步骤 05 返回"AI创作"页面，设置"影响比重"为1，使生成的图片与参考图具有高度相似性，单击"立即生成"按钮，如图3-40所示。

图 3-40　单击"立即生成"按钮

**步骤 06** 执行上述操作后，即可生成4幅AI绘画作品，效果如图3-41所示。单击生成的图片，即可放大预览图片效果。

图 3-41　生成 4 幅 AI 绘画作品

# 3.3　使用 Stable Diffusion 生成 AI 作品

Stable Diffusion是一个开源的深度学习生成模型，能够根据任意文本描述生成高质量、高分辨率、高逼真度的图像效果。目前，Stable Diffusion提供了网页版的操作入口，用户不需要高配置的电脑、显卡和操作系统，也无须下载大模型，即可轻松使用Stable Diffusion进行AI绘画。

LiblibAI是一个热门的AI绘画模型网站，使用Stable Diffusion这种先进的图像扩散模型，可以根据用户输入的文本提示词快速生成高质量且匹配度非常精准的图像。不过，网页版的Stable Diffusion通常需要付费才能使用，用户可以通过购买平台会员来获得更多的图片生成次数和更高的图片生成质量。

本节主要介绍使用网页版Stable Diffusion生成AI作品的操作方法。

## 3.3.1　打开并登录 LiblibAI 账号

扫码看教学视频

使用网页版Stable Diffusion生成AI作品之前，首先需要打开相关网站，并登录账号信息，才可以进行AI绘画，具体操作步骤如下。

**步骤 01** 打开浏览器，输入相应网址，进入LiblibAI主页，单击右上角的"登录/注册"按钮，如图3-42所示。

图 3-42　单击右上角的"登录/注册"按钮

步骤02 进入"登录"界面，如图3-43所示，输入相应的手机号与验证码。

图 3-43　进入"登录"界面

步骤03 单击"登录"按钮，弹出欢迎界面，设置用户名与兴趣标签，单击"下一步"按钮，如图3-44所示。

步骤04 设置自己的身份，并根据界面提示进行相关选择，单击"开始使用"按钮，如图3-45所示，即可登录LiblibAI账号。

图 3-44　单击"下一步"按钮

图 3-45　单击"开始使用"按钮

## 3.3.2　使用"文生图"功能进行 AI 绘画

扫码看教学视频

使用Stable Diffusion可以非常轻松地实现文生图，只要我们输入一个文本描述（即提示词），它就可以在几秒内为我们生成一张精美的图片。使用"文生图"功能进行AI绘画的效果如图3-46所示。

图 3-46　使用"文生图"功能进行 AI 绘画的效果

下面介绍使用Stable Diffusion中的"文生图"进行AI绘画的操作方法。

步骤 **01** 进入LiblibAI主页，单击左侧的"在线生成"按钮，如图3-47所示。

图 3-47　单击左侧的"在线生成"按钮

**步骤02** 执行上述操作后，进入 LiblibAI 的"文生图"页面，在"CHECKPOINT"（大模型）列表框中选择一个基础算法大模型，如图 3-48 所示。基础算法 V1.5.safetensors 是一个强大的文本转图像模型，能够实现从文本描述到高质量、高分辨率图像的转换。

图 3-48　选择一个基础算法大模型

**步骤03** 在"提示词"和"负向提示词"文本框中输入相应的文本描述，如图3-49所示。输入精心设计的提示词，可以引导模型理解你的意图，并生成符合你期望的图像。

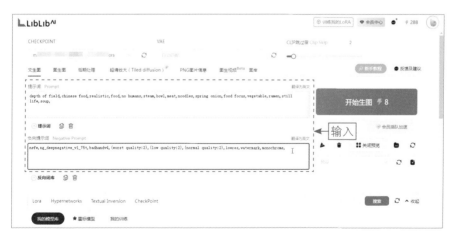

图 3-49　输入相应的文本描述

**步骤04** 在Lora选项卡中，选择相应的Lora模型，如图3-50所示，用于控制画风。

图 3-50　选择相应的 Lora 模型

步骤05 在页面下方设置合适的出图尺寸和图片数量参数，单击"开始生图"按钮，即可生成相应的图像，效果如图3-51所示。

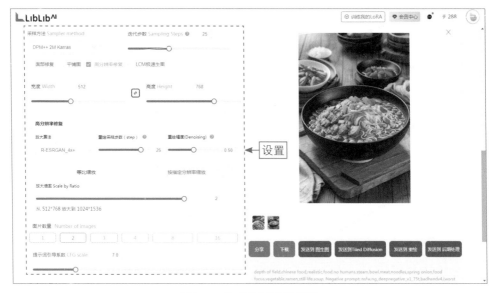

图 3-51　生成相应的图像效果

### 3.3.3　使用"图生图"功能进行 AI 绘画

图生图是一种基于深度学习技术的图像生成方法，它可以将一张图片通过转换得到另一张与之相关的新图片，这种技术广泛应用于计算机图形学、视觉艺术等领域。网页版Stable Diffusion中的图生图功能允许用户输入一张图片，并通过添加文本描述的方式输出修改后的新图片。原图与修改后的新图片效果对比如图3-52所示。

扫码看教学视频

图 3-52 原图与修改后的新图片效果对比

下面介绍使用Stable Diffusion中的"图生图"功能进行AI绘画的操作方法。

步骤 01 在LiblibAI的AI绘画页面中,单击"图生图"标签,切换至"图生图"选项卡,在页面下方单击⊠按钮,如图3-53所示。

步骤 02 弹出"打开"对话框,选择一张照片素材,单击"打开"按钮,即可上传照片素材,如图3-54所示。

图 3-53 单击相应按钮　　　　　　　图 3-54 上传照片素材

☆ 专家提醒 ☆

在"图生图"选项卡的右侧,有一个"局部重绘"选项卡。局部重绘是 Stable Diffusion 图生图中的一个重要功能,它能够针对图像的局部区域进行重新绘制,从而做出各种创意性的图像效果。局部重绘功能可以让用户更加灵活地控制图像的变化,它只针对特定的区域进行修改和变换,其他部分保持不变。局部重绘功能可以应用到许多场景中,用户可以对图像的某个区域进行局部增强或改变,以实现更加细致和精确的图像编辑。

步骤 **03** 在"CHECKPOINT"(大模型)列表框中选择一个二次元风格的大模型,然后输入"相应的提示词",如图3-55所示。重点要写好负向提示词,避免产生低画质效果。

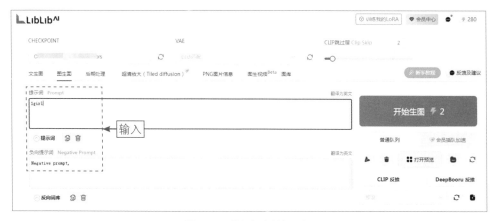

图 3-55　输入相应的提示词

步骤 **04** 在页面下方设置"采样方法"为DPM++ SDE Karras、"迭代步数"为30,如图3-56所示,能够让图像细节更丰富、精细。

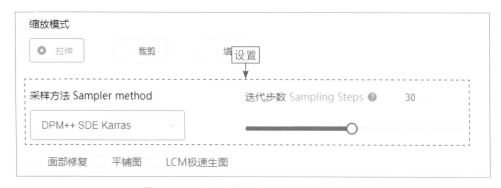

图 3-56　设置"采样方法"和"迭代步数"参数

步骤05 继续设置"图片数量"为2、"重绘幅度"为0.50，如图3-57所示，让新的图片更接近原图。最后单击"开始生图"按钮，即可将真人照片转换为二次元风格，效果见图3-52（右图）。

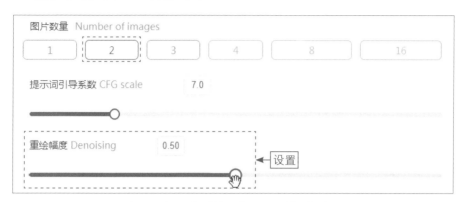

图3-57 设置"图片数量"和"重绘幅度"参数

☆ 专家提醒 ☆

在LiblibAI首页中，有许多的大模型。用户可以根据自己的需求选择相应的大模型，将其加入模型库，即可在绘画的时候选择相应的大模型。

# 本章小结

本章主要介绍了3个AI摄影绘画的网站平台，首先介绍了剪映（Dreamina）平台，详细介绍了使用"文生图"功能、"做同款"功能及"视频生成"功能生成AI作品的步骤；然后介绍了文心一格平台，详细介绍了使用提示词和"上传参考图"功能生成AI作品的步骤；最后介绍了Stable Diffusion平台，详细介绍了使用"文生图"功能和"图生图"功能生成AI作品的步骤。通过本章的学习，读者能够更好地掌握通过相关网站平台快速生成AI作品的方法。

# 课后习题

鉴于本章内容的重要性，为了帮助读者更好地掌握所学知识，本节将通过课后习题，帮助读者进行简单的知识回顾。

1. 使用剪映（Dreamina）生成一幅动物风光摄影作品，效果如图3-58所示。

图 3-58　一幅动物风光摄影作品

2. 使用文心一格生成一幅人物摄影作品，效果如图3-59所示。

图 3-59　人物摄影作品

# 第4章

## 使用Midjourney，生成绝美作品

Midjourney是一款利用AI技术进行绘图创作的工具，用户可以在其中输入文字、图片等提示内容，让AI机器人（即AI模型）自动创作出符合要求的画作。本章主要介绍Midjourney绘画的基本操作技巧，帮助大家利用这个强大的AI绘画工具轻松生成绝美作品。

# 4.1 掌握 Midjourney 绘画的基本功能

Midjourney是一款于2022年3月面世的AI绘图工具，它可以根据用户提供的自然语言描述（即提示词）生成相应的图像。用户可以根据自己的需求和创意，利用Midjourney快速生成各种不同风格的图像，提高工作效率和创意表现力。

此外，Midjourney还搭载了Discord社区，用户可以通过Discord机器人访问Midjourney，并使用特定命令创建艺术作品。本节将介绍Midjourney中的常用指令和基本绘图操作，帮助大家快速掌握Midjourney的使用方法。

## 4.1.1 熟悉 Midjourney 常用的指令

扫码看教学视频

在使用Midjourney进行AI绘画时，用户可以使用各种指令与Discord平台上的Midjourney Bot（机器人）进行交互，告诉它你想要获得一张什么样的图片。Midjourney的指令主要用于创建图像和更改默认设置等。表4-1所示为Midjourney中的常用指令。

表 4-1　Midjourney 中的常用指令

| 指　　令 | 描　　述 |
| --- | --- |
| /ask（问） | 得到一个问题的答案 |
| /blend（混合） | 轻松地将两张图像混合在一起 |
| /daily_theme（每日主题） | 切换 #daily-theme 频道更新的通知 |
| /docs（文档） | 在 Midjourney Discord 官方服务器中使用可快速生成指向本用户指南中涵盖的主题链接 |
| /describe（描述） | 根据用户上传的图像编写 4 个示例提示词 |
| /faq（常见问题） | 在 Midjourney Discord 官方服务器中使用，将快速生成一个链接，指向热门 prompt（提示）技巧频道的常见问题解答 |
| /fast（快速） | 切换到快速模式 |
| /help（帮助） | 显示 Midjourney Bot 有关的基本信息和操作提示 |
| /imagine（想象） | 使用提示词生成图像 |
| /info（信息） | 查看有关用户的账号以及任何排队（或正在运行）的作业信息 |
| /stealth（隐身） | 专业计划订阅用户可以通过该指令切换到隐身模式 |
| /public（公共） | 专业计划订阅用户可以通过该指令切换到公共模式 |

续表

| 指　　令 | 描　　述 |
| --- | --- |
| /subscribe（订阅） | 为用户的账号页面生成个人链接 |
| /settings（设置） | 查看和调整 Midjourney Bot 的设置 |
| /prefer option（偏好选项） | 创建或管理自定义选项 |
| /prefer option list（偏好选项列表） | 查看用户当前的自定义选项 |
| /prefer suffix（喜欢后缀） | 指定要添加到每个提示词末尾的后缀 |
| /show（展示） | 使用图像作业 ID（Identity Document，账号）在 Discord 中重新生成作业 |
| 指令 | 描述 |
| /relax（放松） | 切换到放松模式 |
| /remix（混音） | 切换到混音模式 |

## 4.1.2　掌握以文生图的操作

Midjourney主要使用imagine指令和提示词等文字描述来完成AI绘画操作，生成的图片效果如图4-1所示。注意，用户应尽量输入英文提示词，AI模型对于英文单词的首字母大小写格式没有要求，但每个提示词中间要添加一个逗号（英文字体格式）或空格，便于Midjourney更好地理解提示词的整体内容。

扫码看教学视频

图 4-1　生成的图片效果

下面介绍Midjourney以文生图的操作方法。

步骤01　在Midjourney下面的输入框内输入/（正斜杠符号），在弹出的列表框中选择imagine指令，如图4-2所示。

图 4-2　选择 imagine 指令

步骤 02 在imagine指令下方的prompt输入框中输入相应提示词，如图4-3
所示。

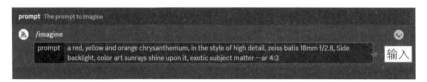

图 4-3　输入相应提示词

步骤 03 按【Enter】键确认，便可看到Midjourney Bot已经开始工作了，并显
示图片的生成进度。稍等片刻，Midjourney生成4张对应的图片，如图4-4所示。

步骤 04 单击"U3"按钮，生成大图效果，如图4-5所示。

图 4-4　生成 4 张对应的图片

图 4-5　生成大图效果

## 4.1.3　掌握以图生图的操作

在Midjourney中，用户可以先使用describe指令获取图片的提示词（即图生文），再根据提示内容和图片链接来生成类似的图片，这个过程被称为"图生图"，也被称为"垫图"。原图与生成的图片效果对比如图4-6所示。

图 4-6　原图与生成的图片效果对比

需要注意的是，提示词就是关键词或指令的统称，网上大部分用户也将其称为"咒语"。

下面介绍Midjourney图生图的操作方法。

步骤**01** 在Midjourney下面的输入框内输入/，在弹出的列表框中选择describe指令，如图4-7所示。

步骤**02** 执行上述操作后，在弹出的"选项"列表框中选择image（图像）选项，如图4-8所示。

图 4-7　选择 describe 指令　　　　　图 4-8　选择 image（图像）选项

步骤 03 执行上述操作后，单击上传按钮，如图4-9所示。

步骤 04 弹出"打开"对话框，选择相应的图片，单击"打开"按钮，即可将图片添加到输入框中，如图4-10所示，接着按两次【Enter】键确认。

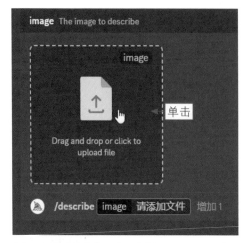

图 4-9　单击上传按钮将上传按钮的图标复制过来　　　　图 4-10　将图片添加到输入框中

步骤 05 执行上述操作后，Midjourney会根据用户上传的图片生成4段提示词，如图4-11所示。用户可以通过复制提示词或单击下面的1～4按钮，以该图片为模板生成新的图片效果。

步骤 06 单击图片下方的"复制链接"按钮，如图4-12所示，复制图片链接。

图 4-11　生成 4 段提示词　　　　　　　　　　图 4-12　单击图片下方的"复制链接"按钮

步骤 **07** 在图片下方单击"1"按钮，如图4-13所示。

步骤 **08** 弹出Imagine This!（想象一下！）对话框，在PROMPT文本框中的提示词前面粘贴复制的图片链接，如图4-14所示。注意，如果用户希望Midjourney生成的图片与上传的图片相似度较高，可以在提示词的最后加上--iw 2指令。

图 4-13　单击"1"按钮

图 4-14　粘贴复制的图片链接

步骤 **09** 单击"提交"按钮，即可以参考图为模板生成4张图片，如图4-15所示。

步骤 **10** 单击"U2"按钮，放大第2张图片的效果如图4-16所示。

图 4-15　生成 4 张图片

图 4-16　放大第 2 张图片的效果

## 4.1.4　掌握混合生图的操作

在Midjourney中，用户可以使用blend指令快速上传2～4张图片，然后分析每张图片的特征，并将它们混合生成一张新的图片。原图与混合生成的图片效果对比如图4-17所示。

扫码看教学视频

图 4-17　原图与混合生成的图片效果对比

下面介绍Midjourney混合生图的操作方法。

**步骤01** 在Midjourney下面的输入框内输入/，然后在弹出的列表框中，选择blend指令，如图4-18所示。

**步骤02** 执行上述操作后，出现两个图片框，单击左侧的上传按钮📤，如图4-19所示。

 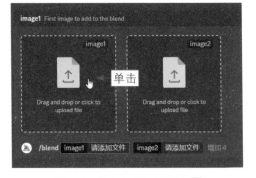

图 4-18　选择 blend 指令　　　　　　图 4-19　单击左侧的上传按钮📤

**步骤03** 弹出"打开"对话框，选择相应的图片，单击"打开"按钮，将图片添加到左侧的图片框中，并用同样的操作方法在右侧的图片框中添加一张图片。添加两张图片如图4-20所示。

**步骤04** 按【Enter】键确认，Midjourney会自动完成图片的混合操作，并生成4张新的图片，如图4-21所示。单击"U2"按钮，放大第2张图片。

图 4-20　添加两张图片

图 4-21　生成 4 张新的图片

# 4.2　掌握 Midjourney 绘画的高级技术

AI摄影是一项具有高度艺术性和技术性的创意活动，其中人像、动物、植物、风光、建筑和美食等是十分热门的主题。在用这些主题的AI照片展现瞬间之美的同时，也体现了用户对生活、自然和世界的独特见解与审美体验。本节主要介绍如何掌握Midjourney绘画的高级技术。

## 4.2.1　生成人像摄影作品

在所有的摄影题材中，人像的拍摄占据着非常大的比例，因此如何用AI模型生成人像照片也是很多初学者急切希望学会的。多学、多看、多练、多积累关键词，这些都是创作优质AI人像摄影作品的必经之路。Midjourney生成的人物摄影作品的效果如图4-22所示。

扫码看教学视频

图 4-22　Midjourney 生成的人物摄影作品的效果展示

下面介绍使用Midjourney生成人像摄影作品的操作方法。

步骤01 在Midjourney中通过imagine指令输入人像摄影的指令，如图4-23所示，提出绘制画作的要求。

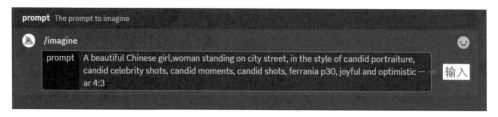

图4-23 输入人像摄影的指令

步骤02 按【Enter】键确认，Midjourney会生成4幅人像摄影作品，如图4-24所示。

步骤03 单击"U1"按钮，放大第1张图片，如图4-25所示。

图4-24 生成4幅人像摄影作品　　　　图4-25 放大第1张图片

☆ 专家提醒 ☆

街景人像摄影力求摄影师抓住当下社会和生活的变化，强调人物表情、姿态和场景环境的融合，让观众从照片中感受到城市生活的活力。在通过 AI 模型生成街景人像照片时，关键词的相关要点如下。

（1）场景：可以选择城市中充满浓郁文化的街道、小巷等地方，利用建筑物、灯光、路标等元素来构建照片的环境。

（2）方法：捕捉阳光下人们自然而然的面部表情、姿势、动作作为基本主体，同时通过运用线条、角度、颜色等各种手法对环境进行描绘，打造独属于大都市的拍摄风格与氛围。

## 4.2.2　生成动物摄影作品

扫码看教学视频

在广阔的大自然中，动物们以独特的姿态展示着它们的魅力，动物摄影捕捉到了这些瞬间，让人们能够近距离地感受自然生命的奇妙。例如，宠物摄影主要展现宠物的可爱、温馨，以及宠物与人类之间的感情，并传递出对于生命的尊重和关怀。Midjourney生成的动物摄影作品的效果如图4-26所示。

图 4-26　Midjourney 生成的动物摄影作品的效果

下面介绍使用Midjourney生成动物摄影作品的操作方法。

步骤01 在Midjourney中通过imagine指令输入动物摄影的指令，如图4-27所示，提出绘制画作的要求。

图 4-27　输入动物摄影的指令

步骤02 按【Enter】键确认，Midjourney会生成4幅动物摄影作品，如图4-28所示。

步骤03 单击"U2"按钮，放大第2张图片，如图4-29所示。

☆ 专家提醒 ☆

在通过 AI 模型生成宠物照片时，关键词的相关要点如下。

（1）场景：可以是家中、户外场所或特定的宠物摄影工作室等地方，常见的宠物有小型犬、猫咪、兔子、仓鼠等。

（2）方法：根据宠物的种类和特点，描述它们独特的姿态和面部表情，并使用不同的构图和角度关键词，体现出宠物个性化的特征。

图 4-28　生成 4 幅动物摄影作品

图 4-29　放大第 2 张图片

## 4.2.3　生成植物摄影作品

植物摄影是将花、草、树木等植物作为主体进行拍摄，这种摄影专注于捕捉植物世界的美丽和细节。例如，在花卉摄影中，我们可以将整片花朵作为主体，使观众更加真切地感受到花海的美丽和整体环境的氛围。Midjourney生成的植物摄影作品的效果如图4-30所示。

扫码看教学视频

图 4-30　Midjourney 生成的植物摄影作品的效果

下面介绍使用Midjourney生成植物摄影作品的操作方法。

**步骤 01** 在Midjourney中通过imagine指令输入植物摄影的指令，如图4-31所示，提出绘制画作的要求。

**步骤 02** 按【Enter】键确认，Midjourney会生成4幅植物摄影作品，如图4-32所示。

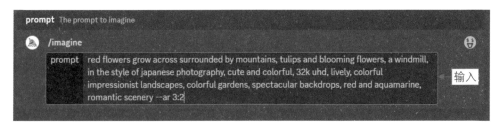

图 4-31　输入植物摄影的指令

**步骤 03** 单击"U2"按钮，放大第2张图片，如图4-33所示。

图 4-32　生成 4 幅植物摄影作品

图 4-33　放大第 2 张图片

☆ 专家提醒 ☆

花海大场景摄影旨在将花与大自然完美融合，展现其壮阔的视觉震撼力和人们对大自然无尽的感叹之情，同时也传递出关于人类与自然和谐共存、珍惜资源、绿化环保等重要信息。在通过 AI 模型生成花海大场景照片时，关键词的相关要点如下。

（1）场景：一般位于公园、山区、田野等花卉密集的地区，常见于春季到夏季时节，时间是在黎明或日落时分，反差强烈的光线会让花卉的色彩更加丰富鲜艳。

（2）方法：在关键词中将花海主体和整体环境直接结合起来，通过透过树梢的阳光、飘落的花瓣和微风掀起的花浪等自然元素，呈现出灵性之美和生命的力量。另外，使用与广角镜头相关的关键词，可以让花海和周围环境形成一个整体，给人带来视觉上的冲击。

## 4.2.4　生成风光摄影作品

扫码看教学视频

风光摄影是一种旨在捕捉自然美的摄影艺术，在进行AI摄影绘画时，用户可以使用AI模型生成自然景色的照片，展现出大自然的魅力和神奇，将想象中的风景变成风光摄影大片。Midjourney生成的风光摄影作品的效果如图4-34所示。

图 4-34　Midjourney 生成的风光摄影作品的效果

下面介绍使用Midjourney生成风光摄影作品的操作方法。

步骤 01 在Midjourney中通过imagine指令输入风光摄影的指令，如图4-35所示，提出绘制画作的要求。

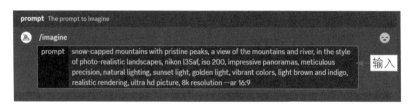

图 4-35　输入风光摄影的指令

步骤 02 按【Enter】键确认，Midjourney会生成4幅风光摄影作品，如图4-36所示。

步骤 03 单击"U4"按钮，放大第4张图片，如图4-37所示。

图 4-36　生成 4 幅风光摄影作品　　　　　　图 4-37　放大第 4 张图片

☆ 专家提醒 ☆

雪山风光是摄影中的经典题材之一，它蕴含着独特的美感和壮丽的气势，其独特的景象往往能够给人带来神秘、纯净、优美的视觉体验，传达出人类与自然交融的情感。在通过 AI 模型生成雪山风光照片时，关键词的相关要点如下。

（1）场景：一般包括高耸入云的山峰、绵延起伏的山脉、冰川与湖泊等，这些场景能展现雪山的壮丽景象和自然环境的神秘之美。

（2）方法：在生成雪山风光照片时，关键是准确表达出白雪的特点，创造出雪山独有的神秘、纯净、优美的氛围，可以通过强调雪的质感、利用光影效果及注重构图与角度来实现这一目标。

## 4.2.5　生成建筑摄影作品

建筑摄影是以建筑物和结构物体为对象的摄影题材，在使用AI模型生成建筑摄影作品时，需要使用合适的关键词将建筑物的结构、空间、光影、形态等元素完美地呈现出来，从而体现出建筑照片的韵律美与构图美。Midjourney生成的建筑摄影作品的效果如图4-38所示。

扫码看教学视频

图 4-38　Midjourney 生成的建筑摄影作品的效果

☆ 专家提醒 ☆

AI 建筑摄影作品可以在建筑设计、房地产营销、建筑教育等领域发挥重要作用。

（1）设计参考：AI 模型生成的建筑图片可以为建筑师和设计师提供灵感和参考，这些图片可以展示各种设计风格、材料搭配和空间布局，帮助设计团队更好地理解客户需求，并在设计过程中产生新的创意。

（2）营销宣传：AI 模型生成的建筑图片可以用于房地产营销和宣传活动中，通过呈现出吸引人的建筑外观和内部空间，可以吸引潜在购房者的注意，提升房产项目的吸引力。

（3）教育培训：AI 模型生成的建筑图片可以用于建筑教育和培训中，学生和新手建筑师可以通过观察和分析这些图片，了解建筑设计原理、空间规划和材料运用，提升他们的设计能力和理解水平。

下面介绍使用Midjourney生成建筑摄影作品的操作方法。

**步骤 01** 在Midjourney中通过imagine指令输入建筑摄影的指令，按【Enter】键确认，Midjourney会生成4幅建筑摄影作品，如图4-39所示。

**步骤 02** 单击"U3"按钮，放大第3张图片，如图4-40所示。

图 4-39　生成 4 幅建筑摄影作品　　　　图 4-40　放大第 3 张图片

☆ 专家提醒 ☆

建筑摄影通过 AI 模型进行创作，能够生动地展现建筑物的美感与特色，呈现出建筑的魅力与风采。在通过 AI 模型生成建筑摄影作品时，关键词的相关要点如下。

（1）场景：选择合适的建筑场景至关重要，如城市中的摩天大楼、历史建筑、现代艺术馆、别墅等，这些场景不仅能够展现建筑的设计和结构，还能够体现出建筑与周围环境的融合与对比，呈现出建筑物的独特魅力。

（2）方法：关键在于准确描述建筑物的特点，以创造出引人注目、精致优雅的氛围。通过合理的构图和角度选择，突出建筑物的线条、色彩和纹理，使画面更具立体感和层次感。同时，利用光影效果和色彩对比，增强建筑物的视觉冲击力，让建筑摄影作品更加吸引人。

## 4.2.6　生成美食摄影作品

生成AI美食摄影作品指的是利用AI技术生成逼真的食物图片。AI模型生成的美食图片可以用于餐厅、食品品牌和食品平台的营销宣

扫码看教学视频

传，通过展示诱人的美食图片，吸引潜在顾客的注意，增加食品的销售量和品牌知名度。Midjourney生成的美食摄影作品的效果如图4-41所示。

图 4-41　Midjourney 生成的美食摄影作品的效果

下面介绍使用Midjourney生成美食摄影作品的操作方法。

步骤01 在Midjourney中通过imagine指令输入美食摄影的指令，按【Enter】键确认，Midjourney会生成4幅美食摄影作品，如图4-42所示。

步骤02 单击"U2"按钮，放大第2张图片，如图4-43所示。

图 4-42　生成 4 幅美食摄影作品　　　　图 4-43　放大第 2 张图片

☆ 专家提醒 ☆

使用 AI 模型生成美食照片时，关键词的相关要点如下。

（1）场景：可以选择具有特色的餐厅、咖啡馆、烹饪工作室等场所，或者在家中搭建专业的拍摄场景，要能够突出美食的风味和色彩，同时营造出舒适、温馨的氛围。

（2）方法：关键词要准确地呈现出美食的外观、口感和质感，以吸引观众。人工灯光要柔和，避免强烈的阴影和过度曝光，以突出食物的色彩和质感。

## 4.2.7　生成微距摄影作品

微距摄影是一种特殊的摄影技术，常用于科学研究领域，用于观察和研究微生物、植物组织、昆虫等微小物体，AI模型生成的微距图片可以为科学家提供更清晰、更详细的图像，帮助他们深入了解微观世界的结构和特性，还可以帮助学生和公众了解生物学、昆虫学等科学知识。Midjourney生成的微距摄影作品的效果如图4-44所示。

扫码看教学视频

图 4-44　Midjourney 生成的微距摄影作品的效果

下面介绍使用Midjourney生成微距摄影作品的操作方法。

**步骤01** 在Midjourney中通过imagine指令输入微距摄影的指令，按【Enter】键确认，Midjourney会生成4幅微距摄影作品，如图4-45所示。

**步骤02** 单击"U1"按钮，放大第1张图片，如图4-46所示。

图 4-45　生成 4 幅微距摄影作品

图 4-46　放大第 1 张图片

☆ 专家提醒 ☆

使用 AI 模型生成微距照片时，关键词的相关要点如下。

（1）场景：可以选择花朵、昆虫、植物叶片、食物等微小而具有细节的物体，作为微距作品的生成对象。此外，选择一个适当的背景也是至关重要的，背景应该能够突出主题物体的特点，同时不会分散观者的注意力。

（2）方法：关键词在于能够准确地描述微小物体的细节和纹理，创造出 AI 微距摄影独有的魅力，通过合理的对焦和构图关键词，突出微小物体的特点和美感，使观众能够近距离感受微观世界的奇妙之处。

# 本章小结

本章主要介绍了使用Midjourney生成绝美作品的方法，首先介绍了以文生图、以图生图、混合生图等具体操作过程，然后介绍了生成人像、动物、植物、风光、建筑、美食及微距摄影作品的操作方法。通过本章的学习，读者可以熟练掌握使用Midjourney生成专业AI作品的技法。

# 课后习题

鉴于本章内容的重要性，为了帮助读者更好地掌握所学知识，本节将通过课后习题，帮助读者进行简单的知识回顾和补充。

1. 使用Midjourney生成一幅室内人像摄影作品，效果如图4-47所示。

2. 使用Midjourney生成一幅雪景风光摄影作品，效果如图4-48所示。

图 4-47　室内人像摄影作品

图 4-48　雪景风光摄影作品

# 第5章

# 使用DALL·E 3, 生成优质作品

DALL·E 3是由OpenAI公司开发的第三代DALL·E图像生成模型, 它能够将文本提示作为输入, 并生成新图像作为输出。值得注意的是, DALL·E 3与ChatGPT都是由OpenAI公司开发的AI模型。本章主要介绍使用DALL·E 3生成优质作品的方法。

# 5.1　使用 DALL·E 3 快速生成图片

2021年1月，OpenAI公司发布了第一代DALL·E模型，它能够利用深度学习技术，理解输入的文字提示，并据此创造出符合描述的独特图片。如今，OpenAI已经发布了第三代的DALL·E模型，也就是DALL·E 3，并承诺与ChatGPT集成。本节主要介绍使用DALL·E 3快速生成图片的方法，帮助大家快速掌握DALL·E 3的基本操作。

## 5.1.1　在 GPTs 商店中查找 DALL·E 3

扫码看教学视频

GPTs是OpenAI公司推出的自定义版本的ChatGPT。用户通过GPTs能够根据自己的需求和偏好，创建一个完全定制的ChatGPT。无论是要一个能帮忙梳理电子邮件的助手，还是要一个随时能提供创意灵感的伙伴，GPTs都能实现。

简而言之，GPTs允许用户根据特定需求创建和使用定制版的GPT模型，这些定制版的GPT模型被称为GPTs，而DALL·E是ChatGPT官方推出的GPTs，我们只需要在GPTs商店中找到DALL·E便可直接使用。下面介绍具体的操作方法。

**步骤01** 在ChatGPT主页的侧边栏中，单击"探索GPTs"按钮，如图5-1所示。

图 5-1　单击"探索 GPTs"按钮

☆ 专家提醒 ☆

DALL·E 3 拥有非常强大的图像生成能力，可以根据文本提示词生成各种风格的高质量图像。OpenAI 公司表示，DALL·E 3 比以往系统更能理解细微差别和细节，让用户更加轻松地将自己的想法转化为非常准确的图像。

尽管 DALL·E 3 背后的技术极其复杂，但 DALL·E 3 的界面设计得非常直观，用户无须具备专业的图像编辑技能或深厚的艺术知识就可以轻松使用。

步骤 02 进入GPTs页面，用户可以在此选择自己想要添加的GPTs，如在输入框中输入DALL·E，在弹出的列表框中选择DALL·E选项，如图5-2所示。

图 5-2　选择 DALL·E 选项

步骤 03 跳转至新的ChatGPT页面，此时我们正处在DALL·E的操作界面中，单击左上方DALL·E旁边的下拉按钮"∨"，在弹出的列表框中选择"保持在侧边栏"选项，如图5-3所示。

步骤 04 执行上述操作后，即可将DALL·E保留在侧边栏中，如图5-4所示，方便我们下次使用。

图 5-3　选择"保持在侧边栏"选项

图 5-4　将 DALL·E 保留在侧边栏中

☆ 专家提醒 ☆

使用 DALL · E 3 生成 AI 作品时，用户需要注意：即使是相同的提示词，DALL · E 3 每次生成的图片效果也不一样。

## 5.1.2　使用简单的提示词进行作画

扫码看教学视频

在DALL · E 3中，用户可以通过文字描述来指定想要生成的图片的风格、内容、色彩等，DALL · E 3能够理解这些描述并创造出相应的图片。在DALL · E 3中使用简单的提示词进行作画的效果如图5-5所示。

图 5-5　在 DALL · E 3 中使用简单的提示词进行作画的效果

下面介绍在DALL · E 3中使用简单的提示词进行作画的操作方法。

步骤01 打开ChatGPT，进入DALL · E的操作界面，在输入框内输入以下提示词。

RI 提问

一束玫瑰，娇嫩迷人，非常美丽，带着露珠。

步骤02 按【Enter】键确认，随后DALL · E根据提示词生成相应的图片，如图5-6所示。

步骤03 单击第1张图片，进入预览状态，如图5-7所示。

步骤04 单击第2张图片，单击下载按钮"⬇"，如图5-8所示，即可将图片进行保存。

图 5-6　DALL·E 根据提示词生成相应的图片

图 5-7　进入预览状态

图 5-8　单击下载按钮↓

## 5.1.3　使用复杂的提示词进行作画

扫码看教学视频

　　DALL·E 3不仅拥有强大的提示词执行能力，在处理复杂的提示词方面也展现了非常出色的效果。在处理更长、更复杂的提示词时，DALL·E 3可以在画面中完整呈现提示词中的各类元素和特征。在DALL·E 3中使用复杂的提示词进行作画的效果如图5-9所示。

图 5-9  在 DALL·E 3 中使用复杂的提示词进行作画的效果

下面介绍在DALL · E 3中使用复杂的提示词进行作画的操作方法。

步骤01 打开ChatGPT，进入DALL · E的操作界面，在输入框内输入以下提示词：

### 提问

雪顶峰山脉，一览无余的山脉和河流景象，以摄影级真实风光画风呈现，使用尼康L35AF，ISO 200拍摄，展现壮观全景，精确细腻，自然光照，日落之光，金色光辉，色彩鲜明，浅棕和靛蓝色调，逼真渲染，超高清画质，8K分辨率。

步骤02 按【Enter】键确认，随后DALL · E将根据提示词生成相应的图片，如图5-10所示。可以看出，尽管是复杂冗长的提示词，DALL · E 3依然能够理解提示词，并根据提示词准确呈现出对应的画面细节。需要用户注意的是，更长的提示词也意味着需要更多的GPU处理时间，所以等待出图的时间也就更长。

图 5-10  DALL · E 根据提示词生成相应的图片

# 5.2 使用 DALL·E 3 精准生成图片

DALL·E 3生成的图片在图像质量和细节上都表现得十分优秀。尽管是复杂冗长的提示词，DALL·E 3依然能够理解，并能够根据提示词准确呈现出对应的画面细节。生成的图片效果越好，输入到Sora中生成的视频效果就越理想。本节主要介绍使用DALL·E 3精准获取图片的操作方法。

## 5.2.1 使用具体描述生成 AI 图片

扫码看教学视频

用户在使用提示词生成AI图片时，可以提供想要生成对象的具体描述，包括外观、特征、颜色及形状等。例如，在编写提示词时，要使用"一只小巧而可爱的兔子，坐在一片充满鲜花的绿色草地上，它的毛皮是柔软的灰白色，带有淡淡的粉色调，耳朵长而竖直，眼睛大而闪亮，像两颗闪烁的宝石"这样的具体描述，而不是仅使用"一只可爱的兔子"这样的简单描述。在DALL·E 3中使用具体描述生成AI图片的效果如图5-11所示。

图 5-11　在 DALL·E 3 中使用具体描述生成 AI 图片的效果

☆ 专家提醒 ☆

可以看到，提供尽可能详细和清晰的提示词，可以使 AI 模型能够更好地理解并按照用户的要求生成图片。

下面介绍在DALL·E 3中使用具体描述生成AI图片的操作方法。

步骤01 打开ChatGPT，进入DALL·E的操作界面，在输入框内输入以下提示词。

**RI** **提问**

一只小巧而可爱的兔子，坐在一片充满鲜花的绿色草地上，它的毛皮是柔软的灰白色，带有淡淡的粉色调，耳朵长而竖直，眼睛大而闪亮，像两颗闪烁的宝石。

**步骤02** 按【Enter】键确认，随后DALL·E将根据用户提供的提示词，生成相应的图片，如图5-12所示。

图 5-12　生成相应的图片

## 5.2.2　添加情感动作生成 AI 图片

用户可以通过在提示词中添加情感和动作描述，引导AI模型生成更富有情感和故事性的图像，使其中的元素不仅是静态的物体，还能够传达出情感、生动感和互动性。这种方法对于需要表达情感或讲述故事的图片生成非常有用，如广告、艺术创作和娱乐产业。在DALL·E 3中添加情感动作生成AI图片的效果如图5-13所示。

扫码看教学视频

图 5-13　在 DALL·E 3 中添加情感动作生成 AI 图片的效果

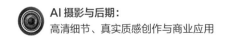
下面介绍在DALL·E 3中添加情感动作生成AI图片的操作方法。

步骤01 打开ChatGPT，进入DALL·E的操作界面，在输入框内输入以下提示词。

RI 提问

一位穿着传统服饰的老人正坐在他的小屋门前，手中捧着一本泛黄的书籍，老人的脸上布满了岁月的痕迹，但眼神中流露出深深的宁静和智慧。

☆ 专家提醒 ☆

这段提示词描述了一幅充满宁静与智慧的情感画面。老人穿着传统服饰坐在自己小屋的门前，这个细节本身就营造了一种回归传统、珍视根源的情感氛围。老人手中捧着的泛黄书籍，不仅象征着知识和智慧的传承，还反映出老人对过去的怀念和对知识的尊重。

老人脸上的岁月痕迹代表着经历和故事，而他那充满宁静和智慧的眼神，则透露出对生活的深刻理解和对世界的平和接纳。这种眼神中的宁静，可能来源于对生活所有经历的深度反思和接纳，表明了老人在长久的生活旅程中学会了如何看待生活的起伏与变迁。通过这个描述，DALL·E可以理解生成图片所需的情感、动作和环境，以呈现出生动的场景。

步骤02 按【Enter】键确认，随后DALL·E将根据用户提供的提示词，生成相应的图片，如图5-14所示。

图 5-14　生成相应的图片

## 5.2.3　引入背景信息生成 AI 图片

扫码看教学视频

　　用户可以通过引入背景信息，引导AI模型生成更细致和情感更丰富的图片，描述图片发生的地点或时间，可以包括场景的位置（城市、乡村、室内、室外）、季节（春天、夏天、秋天、冬天）、天气状况（晴天、雨天、雪天）等。引入背景信息有助于AI模型理解生成图片的上下文，并使图片更具情感和氛围。在DALL·E 3中引入背景信息生成AI图片的效果如图5-15所示。

图 5-15　在 DALL·E 3 中引入背景信息生成 AI 图片的效果

　　下面介绍在DALL·E 3中引入背景信息生成AI图片的操作方法。

　　步骤 01　打开ChatGPT，进入DALL·E的操作界面，在输入框内输入以下提示词。

🅡　提问

在一个古朴的村庄中，一位穿着传统服饰的老人正坐在他的小屋门前，手中捧着一本泛黄的书籍。背景是落日的余晖照亮了周围的田野和远处轮廓分明的山脉，老人的脸上布满了岁月的痕迹，但眼神中流露出深深的宁静和智慧。

☆ 专家提醒 ☆

　　这段提示词描述了一个温馨而宁静的场景，充满了乡村的古朴魅力和深厚的文化底蕴，背景中的落日余晖照亮了周围的田野和远处轮廓分明的山脉，营造了一种和谐而美丽的自然氛围，这不仅增加了画面的美感，还象征着时间的流逝和生活的循环。通过这个描述，DALL·E 可以理解用户期望的图片场景和氛围，并生成富有背景信息的 AI 图片。

步骤 02 按【Enter】键确认，随后DALL·E将根据用户提供的提示词，生成相应的图片，如图5-16所示。

图 5-16　生成相应的图片

## 5.2.4　通过添加提示词生成逼真的 AI 图片

扫码看教学视频

在使用DALL·E生成AI图片时，添加提示词Quixel Megascans Render（真实感）可以提升DALL·E生成图片的逼真感。Quixel Megascans是一个广泛使用的、高质量的图像素材库，其中包含了从自然环境（如岩石、土壤、树木、植物等）到人造物体（如地板砖、墙面等）的数以千计的高分辨率扫描素材，能够提供非常详细和真实的视觉效果，帮助用户创造更具个性化的摄影作品。在DALL·E 3中通过添加提示词生成逼真的AI图片的效果如图5-17所示。

图 5-17　在 DALL·E 3 中通过添加提示词生成逼真的 AI 图片的效果

下面介绍在DALL·E 3中通过添加提示词生成逼真的AI图片的操作方法。

步骤01 打开ChatGPT，进入DALL·E的操作界面，在输入框内输入以下提示词。

RI **提问**

在一个春日的下午，一位穿着经典黑色晚礼服的中国男士正站在一座古老桥梁的中央，他的目光深邃，望向远方，仿佛在等待着某个重要的时刻，细节清晰，Quixel Megascans Render

步骤02 按【Enter】键确认，随后DALL·E将根据用户提供的提示词，生成更加逼真的图片效果，如图5-18所示。

图 5-18　生成更加逼真的图片效果

☆ 专家提醒 ☆

通过 Quixel Megascans Render 提示词，艺术家和设计师能够创造出震撼人心的视觉作品，无论是在电影中呈现出丰富多彩的自然景观，还是在游戏中构建真实的虚拟世界。

使用 DALL·E 3 生成 AI 图片时，艺术家和设计师会利用 Quixel Megascans Render 提示词来增强场景的细节和真实度，从而创造出近乎真实世界的视觉体验。

### 5.2.5　运用光线投射生成唯美的 AI 图片

扫码看教学视频

使用提示词光线投射（Ray Casting）可以有效地捕捉环境和物体之间的光线交互过程，并以更精确的方式模拟每个像素点的光照情况，实现更为逼真的画面渲染效果。通过这种技术，可以创建逼真的场景效果，并在虚拟环境中控制光线、角度、景深等，以产生与真实摄影相似的效果。在DALL·E 3中通过运用光线投射生成唯美的AI图片的效果如图5-19所示。

图 5-19　在 DALL·E 3 中通过运用光线投射生成唯美的 AI 图片的效果

下面介绍在DALL·E 3中运用光线投射生成唯美的AI图片的操作方法。

步骤 **01** 打开ChatGPT，进入DALL·E的操作界面，在输入框内输入以下提示词。

**RI** 提问

在一个安静的公园里，一位老人和一位小孩手牵手在落叶铺成的小径上散步，周围是刚刚变色的树叶和温暖的秋日阳光，Ray Casting

☆ 专家提醒 ☆

Ray Casting 渲染技术通常用于实现全景渲染、特效制作、建筑设计等领域。基于 Ray Casting 渲染技术，DALL·E 3 能够模拟出各种通量不同、形态各异且非常立体的复杂场景，包括云朵形态、水滴纹理、粒子分布、光与影的互动等。

步骤 **02** 按【Enter】键确认，随后DALL·E将根据用户提供的提示词生成相应的图片，如图5-20所示，可以有效地捕捉环境和物体之间的光线交互。

图 5-20　生成相应的图片

## 5.2.6　生成极简主义风格的 AI 图片

极简主义（Minimalism）是一种强调简洁、减少冗余元素的艺术风格，旨在通过精简的形式和结构来表现事物的本质和内在联系，追求视觉上的简约、干净和平静，让画面更加简洁而具有力量感。在DALL·E 3中生成极简主义风格的AI图片的效果如图5-21所示。

扫码看教学视频

图 5-21　在 DALL·E 3 中生成极简主义风格的 AI 图片的效果

步骤01 打开ChatGPT，进入DALL·E的操作界面，在输入框内输入以下提示词。

RI **提问**

中国古镇建筑，极简主义黑白风格，宁静和谐，简单，Minimalism

**步骤 02** 按【Enter】键确认，随后DALL·E将根据用户提供的提示词，生成极简主义风格的图片，如图5-22所示。

图 5-22　生成极简主义风格的图片

☆ 专家提醒 ☆

在DALL·E 3中，极简主义风格的提示词包括：简单（Simple）、简洁的线条（Clean lines）、极简色彩（Minimalist colors）、负空间（Negative space）、极简静物（Minimal still life）。

## 5.2.7　生成电影海报风格的 AI 图片

扫码看教学视频

电影海报是一种专门为电影制作的视觉艺术作品，用于宣传电影。电影海报的设计目的是吸引潜在观众的注意，激发他们对电影的兴趣，并传达电影的主题或情感基调。

☆ 专家提醒 ☆

海报设计是一种视觉传达艺术，用于创造吸引目光的图像和文字布局，以传达信息、宣传活动、突出产品特点等。电影海报的首要任务是吸引目标观众的注意力，通常使用醒目的颜色、大胆的字体和引人注目的图像。

　　打开ChatGPT，进入DALL・E的操作界面，在输入框内输入相应提示词"生成一张恋爱100天的电影海报，画面为1∶1比例"，按【Enter】键确认，随后DALL・E将根据用户提供的提示词，生成相应的电影海报效果，如图5-23所示。

图 5-23　生成相应的电影海报效果

# 本章小结

　　本章主要介绍了使用DALL・E 3生成优质作品的方法，首先介绍了在GPTs商店中查找DALL・E 3插件，添加插件后，介绍了使用DALL・E 3生成各种作品的操作方法，还对相应的提示词进行了详细讲解，帮助读者轻松生成理想的AI摄影作品。

# 课后习题

　　鉴于本章内容的重要性，为了帮助读者更好地掌握所学知识，本节将通过课后习题，帮助读者进行简单的知识回顾。

　　1. 使用DALL・E 3生成两幅人像摄影作品，效果如图5-24所示。

　　2. 使用DALL・E 3生成两幅现实主义风格的摄影作品，效果如图5-25所示。

图 5-24　人像摄影作品　　　　　　　图 5-25　现实主义风格的摄影作品

扫码看教学视频

扫码看教学视频

# 【细节质感篇】

## 第6章　相机指令，绘出高清作品

在AI摄影中，相机指令扮演着至关重要的角色，它是"捕捉瞬间的工具、记录时间的眼睛"。相机指令包括相机的型号、光圈、焦距、景深及镜头等，通过相机指令的控制，可以让AI绘图工具捕捉到真实世界或创造出想象世界的画面。本章将介绍一些AI摄影常用的相机指令，帮助大家快速创作出高质量的照片效果。

# 6.1 AI 摄影的相机型号指令

我们在AI摄影中，运用一些相机型号指令来模拟相机拍摄的画面效果，可以让照片给观众带来更加真实的视觉感受。在AI摄影中添加相机型号指令，能够给用户带来更大的创作空间，让AI摄影作品更加多样、更加精彩。

## 6.1.1 指令 1：全画幅相机

全画幅相机（full-frame digital SLR camera）是一种具备与35mm
胶片尺寸相当的图像传感器的相机，它的图像传感器尺寸较大，通常
为36mm×24mm，可以捕捉更多的光线和细节。AI摄影模拟全画幅相机生成的
照片效果如图6-1所示。

图 6-1 AI 摄影模拟全画幅相机生成的照片效果

这张AI摄影作品使用的提示词如下：

the sun shone on the distant mountain, shining withgold, large-format, full-frame
digital SLR camera, Nikon D850 , high resolution --ar 4:3

在AI摄影中，全画幅（large-format）相机的提示词有：Nikon D850、Canon

EOS 5D Mark IV、Sony α7R IV、Canon EOS R5、Sony α9Ⅱ。注意，这些提示词都是品牌相机型号，没有对应的中文解释，对英文单词的首字母大小写也没有要求。

## 6.1.2 指令2：APS-C相机

扫码看教学视频

　　APS-C（Advanced Photo System type-C，先进型感光系统-C型）相机是指使用APS-C尺寸图像传感器的相机，图像传感器的尺寸通常为22.2mm×14.8mm（佳能）或23.6mm×16.6mm（尼康、索尼等）。相对于全画幅相机来说，APS-C相机具有焦距倍增效应和更深的景深效果，适合于远距离拍摄和需要更深景深的摄影领域。AI摄影模拟APS-C相机生成的照片效果如图6-2所示。

图 6-2　AI 摄影模拟 APS-C 相机生成的照片效果

　　这张AI摄影作品使用的提示词如下：

The cherry blossoms in Hubei are in full bloom, and the scene is very beautiful. Many people are watching cherry blossoms in the park, Sony α6500 --ar 16:9

　　在AI摄影中，APS-C相机的提示词有：Canon EOS 90D、Nikon D500、Sony α6500、Fujifilm X-T4、Pentax K-3Ⅲ。

☆ 专家提醒 ☆

　　为了使 AI 摄影作品呈现出专业的效果，除在提示词中添加 APS-C 相机的提示词以外，还可以添加胶片相机（film camera）相关的提示词。胶片相机是一种使用胶片作为感光介质的相机，相比于数字相机使用的电子图像传感器，胶片相机通过曝光在胶片上记录图像，胶片相机拍摄的照片通常具有细腻的色彩和纹理，能够呈现出独特的风格和质感。胶片相机的提示词有：Leica M7、Nikon F6、Canon EOS-1V、Pentax 645NII、Contax G2。

## 6.1.3 指令3：运动相机

扫码看教学视频

运动相机（action camera）是一种特殊设计的用于记录运动和极限活动的相机，通常具有紧凑、坚固和防水的外壳，能够在各种极端环境下使用，并捕捉高速运动的瞬间。AI摄影模拟运动相机生成的照片效果如图6-3所示。

图 6-3　AI 摄影模拟运动相机生成的照片效果

这张AI摄影作品使用的提示词如下：

the sun shone on the distant mountain, shining withgold, large-format, full-frame digital SLR camera, DJI Osmo Action, high resolution --ar 4:3

在AI摄影中，运动相机的提示词有：GoPro Hero 9 Black、DJI Osmo Action、Sony RX0 II、Insta360 ONE R、Garmin VIRB Ultra 30。运动相机类提示词适合生成各种户外运动场景的照片，如冲浪、滑雪、自行车骑行、跳伞、赛车等惊险刺激的瞬间画面，可以让观众更加身临其境地感受到运动者的视角和动作。

# 6.2 AI 摄影的相机设置指令

相机设置对于摄影起着非常关键的作用，如光圈、快门速度、白平衡等设置不仅决定了照片的亮度和清晰度，还会影响照片的色彩准确性和整体氛围，而镜头焦距则决定了视角和透视感。本节主要介绍一些能够影响AI模型生成照片效果的相机设置指令，如光圈、焦距、景深、背景虚化和镜头光晕，帮助用户用AI摄影实现自己的创意并绘制出满意的作品。

## 6.2.1 指令 4：光圈

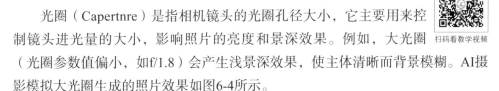

光圈（Capertnre）是指相机镜头的光圈孔径大小，它主要用来控制镜头进光量的大小，影响照片的亮度和景深效果。例如，大光圈（光圈参数值偏小，如f/1.8）会产生浅景深效果，使主体清晰而背景模糊。AI摄影模拟大光圈生成的照片效果如图6-4所示。

图 6-4 AI 摄影模拟大光圈生成的照片效果

这张AI摄影作品使用的提示词如下：

a small brown lizard is perched on a tree branch, looking at a tree, in thestyle of dreamlike naturaleza, Sony FE 85mm f/1.8, --ar 16:9

在AI摄影中，常用的光圈提示词有：Canon EF 50mm f/1.8 STM、Nikon AF-S NIKKOR 85mm f/1.8G、Sony FE 85mm f/1.8、zeiss otus 85mm f/1.4 apo planar t*、 canon ef 135mm f/2l usm、samyang 14mm f/2.8 if ed umc aspherical、sigma 35mm f/1.4 dg hsm等。

另外，用户可以在提示词的前面添加辅助词in the style of（采用xx风格），或在后面添加辅助词art（艺术），有助于AI模型更好地理解提示词。

☆ 专家提醒 ☆

用户在写提示词时，应重点考虑各个提示词的排列顺序。因为前面的提示词会有更高的图像权重，也就是说越靠前的提示词对于出图效果的影响越大。

## 6.2.2 指令5：焦距

焦距（focal length）是指镜头的光学属性，表示从镜头到成像平面的距离，它会对照片的视角和放大倍率产生影响。例如，35mm是一种常见的标准焦距，视角接近人眼所见，适用于生成人像、风景、街拍等AI摄影作品。AI摄影模拟35mm焦距生成的照片效果如图6-5所示。

图 6-5　AI 摄影模拟 35mm 焦距生成的照片效果

这张AI摄影作品使用的提示词如下：

A Chinese girl sits in a sea of flowers, surrounded by beautiful scenery, in the style of Sony FE 35mm F1.8 art --ar 3:2

在AI摄影中，常用的焦距提示词有：24mm焦距，这是一种广角焦距，适合广阔的风光摄影、建筑摄影等；50mm焦距，具有类似人眼视角的特点，适合人像摄影、风光摄影、产品摄影等；85mm焦距，这是一种中长焦距，适合人像摄影，能够产生良好的背景虚化效果，突出主体；200mm焦距，这是一种长焦距，适合野生动物摄影、体育赛事摄影等。

## 6.2.3  指令6：景深

景深（depth of field）是指画面中的清晰范围，即在一张照片中前景和背景的清晰度，它受到光圈、焦距、拍摄距离和图像传感器大小等因素的影响。例如，浅景深可以使主体清晰而背景模糊，从而突出主题并营造出艺术性的效果。AI摄影模拟浅景深生成的照片效果如图6-6所示。

扫码看教学视频

图 6-6  AI 摄影模拟浅景深生成的照片效果

这张AI摄影作品使用的提示词如下：

A beautiful Chinese girl standing in the garden, side lighting, perfect details, samyang 14mm f/2.8 if ed umc aspherical, shallow depth of field, high quality photo --ar 19:12

在AI摄影中，常用的景深提示词有：shallow depth of field（浅景深）、deep depth of field（深景深）、blurred background（模糊的背景）和bokeh（背景虚化效果）。

另外，用户还可以在提示词中加入一些焦距、光圈等参数，如petzval 85mm f/2.2、tokina opera 50mm f/1.4 ff 等，增加景深控制的图像权重。注意，通常情况下，只有在生成浅景深效果的照片时，才会特意去添加景深提示词。

## 6.2.4 指令7：背景虚化

扫码看教学视频

背景虚化（background blur）类似于浅景深，是指使主体清晰而背景模糊的画面效果，同样需要通过控制光圈大小、焦距和拍摄距离来实现。背景虚化可以使画面中的背景不再与主体竞争观众的注意力，从而让主体更加突出。AI摄影模拟背景虚化生成的照片效果如图6-7所示。

图 6-7 AI 摄影模拟背景虚化生成的照片效果

这张AI摄影作品使用的提示词如下：

a corgi dog is standing on the grass, in the style of canonts-e 17mm f/4l tilt-shift, joyful and optimistic, innovatingtechniques, light yellow and crimson, candid momentscaptured, blurred background, golden light, street-savvy --ar 16:9

在AI摄影中，常用的背景虚化提示词有：bokeh（背景虚化效果）、blurred background（模糊的背景）、point focusing（点对焦）、focal length、distance（距离）。

【细节质感篇】

第 6 章　相机指令，绘出高清作品

### 6.2.5　指令 8：镜头光晕

镜头光晕（lens flare）是指在摄影中由光线直接射入相机镜头造成的光斑、光晕效果，它是由于光线在镜头内部反射、散射和干涉而产生的光影现象，可以营造出特定的氛围和增强影调的层次感。AI摄影模拟镜头光晕生成的照片效果如图6-8所示。

图 6-8　AI 摄影模拟镜头光晕生成的照片效果

这张AI摄影作品使用的提示词如下：

At sunset, the crops in the wheat field, such as wheat ears, in the style of lens flares, lens flare, fujifilm pro800z, in the style of soft-focus, glistening, dappled, light gold and emerald, selective focus --ar 16:9

在AI摄影中，常用的镜头光晕提示词有：lens flares（镜头照明）、selective focus（选择性聚焦）、glistening（闪闪发光的）、dappled（有斑点的）、light source（光源）、aperture（光圈）、lens coating（镜头镀膜）。

## 6.3　AI 摄影的镜头类型指令

不同的镜头类型具有独特的特点和用途，它们为摄影师提供了丰富的创作选择。在AI摄影中，用户也可以根据主题和创作需求，添加合适的镜头类型指令来表达自己的视觉语言。

125

## 6.3.1　指令 9：标准镜头

标准镜头（standard lens）也称为正常镜头或中焦镜头，通常指焦距为35mm～50mm的镜头，能够以自然、真实的方式呈现被摄主体，使画面具有较为真实的感觉。AI摄影模拟标准镜头生成的图片效果如图6-9所示。

图 6-9　AI 摄影模拟标准镜头生成的照片效果

这张AI摄影作品使用的提示词如下：

A beautiful Chinese girl with medium long hair, wearing jeans and an abstract patterned shirt, sitting on the grass posing for a photo. In the distance is the skyline of the city, creating a cinematic feeling, 8k resolution, Sigma 35mm f/1.4 DG HSM Art --ar 128:85

在AI摄影中，常用的标准镜头提示词有：Nikon AF-S NIKKOR 50mm f/1.8G、Sony FE 50mm f/1.8、Sigma 35mm f/1.4 DG HSM Art、Tamron SP 45mm f/1.8 Di VC USD。标准镜头类提示词适用于多种AI摄影题材，如人像摄影、风光摄影、街拍摄影等，是一种通用的镜头选择。

## 6.3.2 指令 10：广角镜头

扫码看教学视频

广角镜头（wide angle）是指焦距较短的镜头，通常小于标准镜头，它具有广阔的视角和大景深，能够让照片更具震撼力和视觉冲击力。AI摄影模拟广角镜头生成的照片效果如图6-10所示。

图 6-10　AI 摄影模拟广角镜头生成的照片效果

这张AI摄影作品使用的提示词如下：

photograph of the rocky shore at sunset with colorful clouds reflecting in water, dramatic sky, reflections on calm waters, natural beauty, serene atmosphere, dramatic sky, reflection, clear blue sky, golden hour lighting, landscape photography, landscape photography, landscape photography, landscape photography, --ar 16:9

在AI摄影中，常用的广角镜头提示词有：Canon EF 16-35mm f/2.8L Ⅲ USM、Nikon AF-S NIKKOR 14-24mm f/2.8G ED、Sony FE 16-35mm f/2.8 GM、Sigma 14-24mm f/2.8 DG HSM Art。

## 6.3.3 指令 11：长焦镜头

扫码看教学视频

长焦镜头（telephoto）是指焦距较长的镜头，它提供了更窄的视角和较高的放大倍率，能够拍摄远距离的主体或捕捉画面细节。

使用长焦镜头相关的提示词可以压缩画面景深，拍摄远处的风景，呈现出独特的视觉效果。AI摄影模拟长焦镜头生成的风景照片效果如图6-11所示。

图 6-11　AI 摄影模拟长焦镜头生成的风景照片效果

这张AI摄影作品使用的提示词如下：

a fog surrounds mountains landscapes, the rock formation with trees around it, zhangjiajie forest park, in the style of ethereal fantasy, Sony FE 70-200mm f/2.8 GM OSS --ar 16:9

在AI摄影中，常用的长焦镜头提示词有：nikon af-s nikkor 70-200mm f/2.8e fl ed vr、Canon EF 70-200mm f/2.8L IS Ⅲ USM、Sony FE 70-200mm f/2.8 GM OSS、Sigma 150-600mm f/6-6.3 DG OS HSM Contemporary。

在生成野生动物或鸟类等AI摄影作品时，使用长焦镜头相关的提示词还能够将远距离的主体拉近，捕捉到更细节、丰富的画面。

## 6.3.4　指令 12：微距镜头

微距镜头（macro lens）是一种专门用于拍摄近距离主体的镜头，如拍摄昆虫、花朵、食物和小型产品等对象，能够展示出主体微小的细节和纹理，呈现出令人惊叹的画面效果。AI摄影模拟微距镜头生成的照片效果如图6-12所示。

扫码看教学视频

图 6-12　AI 摄影模拟微距镜头生成的照片效果

这张AI摄影作品使用的提示词如下：

A small bird with red and white feathers perched on the branch of a tree, its body is small yet beautiful, it has a short tail, sharp beak, soft eyes, detailed feather texture, green background, high resolution photography, macro photography, Canon EF 100mm f/2.8L Macro IS USM --ar 3:2

在AI摄影中，常用的微距镜头提示词有：macro photography（微距摄影）、Canon EF 100mm f/2.8L Macro IS USM、Nikon AF-S VR Micro-Nikkor 105mm f/2.8G IF-ED、Sony FE 90mm f/2.8 Macro G OSS、Sigma 105mm f/2.8 DG DN Macro Art。

# 本章小结

本章主要介绍了使用相机指令绘出高清作品的方法，首先介绍了AI摄影的相机型号指令，包括全画幅相机、APS-C相机和运动相机；然后介绍了AI摄影的相机设置指令，包括光圈、焦距、景深、背景虚化及镜头光晕；最后介绍了AI摄影的镜头类型指令，包括标准镜头、广角镜头、长焦镜头及微距镜头。通过本章的学习，读者可以掌握各种相机指令的提示词，进而可以轻松绘制出各种高清的摄影作品。

# 课后习题

鉴于本章内容的重要性，为了帮助读者更好地掌握所学知识，本节将通过课后习题，帮助读者进行简单的知识回顾。

1. 请在Midjourney提示词中添加相应的相机指令，创作出如图6-13所示的摄影作品。

扫码看教学视频

图 6-13　添加相应的相机指令进行 AI 绘图

2. 请在Midjourney提示词中添加相应的景深指令，创作出如图6-14所示的摄影作品。

扫码看教学视频

图 6-14　添加相应的景深指令进行 AI 绘图

# 第7章

# 构图指令，优化作品布局

　　构图是传统摄影创作中不可或缺的部分，它主要通过摄影师有意识地安排画面中的视觉元素来增强照片的感染力和吸引力。在AI摄影中使用构图提示词，同样也能够增强画面的视觉效果，传达出独特的观感和意义。本章主要介绍在提示词中添加构图指令优化作品布局的方法。

# 7.1　4 种镜头景别的控制方式

摄影中的镜头景别通常是指主体对象与镜头的距离，表现出来的效果就是主体在画面中的大小，如远景、中景、近景、特写等。在AI摄影中，合理地使用镜头景别提示词可以达到更好的画面效果，并在一定程度上突出主体对象的特征和情感，以表达出用户想要传达的主题和意境。本节主要介绍4种镜头景别的控制方式。

## 7.1.1　指令 1：远景

扫码看教学视频

远景（wide angle）又称为广角视野（ultra wide shot），是指以较远的距离拍摄某个场景或大环境，呈现出广阔的视野和大范围的画面效果。远景效果如图7-1所示。

图 7-1　远景效果

这张AI摄影作品使用的提示词如下：

Sunset on the beach, some people playing on the beach, in the style ofrural china, wide angle, hallyu, industrial landscapes, orange, environmentally inspired, ricoh r1 --ar 16:9

在AI摄影中，使用提示词"wide angle"能够将人物、建筑或其他元素与周围环境相融合，突出场景的宏伟壮观和自然风貌。另外，wide angle还可以表现出人与环境之间的关系，起到烘托氛围和衬托主体的作用，使得整个画面更富有层次感。

扫码看教学视频

## 7.1.2　指令 2：中景

中景（medium shot）是指将人物主体呈现在画面中，可以展示出一定程度的背景环境，同时也能够使主体更加突出。中景效果如图7-2所示。

图 7-2　中景效果

这张AI摄影作品使用的提示词如下：

Beautiful woman in a red dress standing on the bridge, autumn season with maple leaves falling from tree branches, warm sunlight casting soft shadows, medium shot, high resolution photography. --ar 3:2

☆ 专家提醒 ☆

中景景别的特点是以表现某一事物的主要部分为中心，常常以动作情节取胜，环境表现则降到了次要地位。

在AI摄影中，使用提示词"medium shot"可以将主体完全置于画面中，使得观众更容易与主体产生共鸣，同时还可以创造出更加真实、自然且具有文艺性的画面效果，为照片注入生命力。

### 7.1.3　指令3：近景

　　近景（medium close up）是指将人物主体的头部和肩部（通常为胸部以上）完整地展现于画面中，能够突出人物的面部表情和细节特点。近景效果如图7-3所示。

图 7-3　近景效果

　　这张AI摄影作品使用的提示词如下：

　　A beautiful Chinese woman wearing a white long-sleeved dress and a straw hat, holding flowers in her hand, standing on a grassland with mountains behind her. medium close up --ar 16:9

　　在AI摄影中，使用提示词"medium close up"能够很好地表现出人物主体的情感细节，具体作用有以下两个方面。

　　❶ 近景可以突出人物面部的细节特点，如表情、眼神等，进一步反映出人物的内心世界和情感状态。

　　❷ 近景可以为观众提供更丰富的信息，让他们更准确地了解人物主体所处的场景和环境。

### 7.1.4　指令4：特写

　　特写（close up）是指将人物主体的某个部位或细节放大呈现于画

面中，强调其重要性和细节特点，如人物的头部。特写效果如图7-4所示。

图 7-4　特写效果

这张AI摄影作品使用的提示词如下：

A beautiful Chinese little girl, wearing an exquisite Tang suit with black hair and big eyes, smiling for the camera, portrait photography, warm colors, closeup shot, high definition details --ar 16:9

在AI摄影中，使用提示词"closeup shot"可以将观众的视线集中到人物主体的某个部位上，加强特定元素的表达效果，并且让观众产生强烈的视觉感受和情感共鸣。

另外，还有一种超特写（extreme close up）景别，它是指将人物主体的极小部位放大呈现于画面中，适用于表述人物主体的最细微部分或某些特殊效果。在AI摄影中，使用提示词"extreme close up"可以更有效地突出画面主体，增强视觉效果。

# 7.2　8 种热门的 AI 摄影构图方式

构图是指在摄影创作中，通过调整视角、摆放被摄对象和控制画面元素等复合技术手段来塑造画面效果的艺术表现形式。同样，在AI摄影中，运用各种构图提示词可以让主体对象呈现出最佳的视觉表达效果，进而营造出所需的气氛和风格。

## 7.2.1　指令 5：前景构图

前景构图（foreground）是指通过前景元素来强化主体的视觉效果，以产生一种具有视觉冲击力和艺术感的画面效果，前景构图效果如图7-5所示。前景通常是指相对靠近镜头的物体或环境，背景（background）则是指位于主体后方且远离镜头的物体或环境。

图 7-5　前景构图效果

这张AI摄影作品使用的提示词如下：

A Chinese girl sits in a sea of flowers, surrounded by beautiful scenery, foreground, in the style of Sony FE 35mm F1.8 art, --ar 3:2

在AI摄影中，使用提示词"foreground"可以丰富画面色彩和层次感，并且能够增加照片的丰富度，让画面变得更为生动、有趣。在某些情况下，"foreground"还可以用来引导视线，更好地吸引观众目光。

## 7.2.2　指令 6：对称构图

对称构图（symmetry/mirrored）是指将被摄对象平分成两个或多个相等的部分，在画面中形成左右对称、上下对称或对角线对称等不同形式，从而产生一种平衡和富有美感的画面效果，对称构图效果如图7-6所示。

图 7-6　对称构图效果

这张AI摄影作品使用的提示词如下：

a lake reflecting clouds on it's surface, in thestyle of mountainous vistas, in the style of nature-inspired imagery, soft mist, clear edgedefinition, symmetry --ar 3:2

在AI摄影中，使用提示词"symmetry"可以创造出一种冷静、稳重、平衡和具有美学价值的对称视觉效果，往往能给人们带来视觉上的舒适感和认可感，并强化他们对画面主体的印象和关注度。

## 7.2.3　指令 7：框架构图

扫码看教学视频

框架构图（framing）是指通过在画面中增加一个或多个"边框"，将主体锁定在其中，可以更好地表现画面的魅力，并营造出富有层次感、优美而出众的视觉效果，框架构图效果如图7-7所示。

图 7-7　框架构图效果

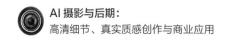

这张AI摄影作品使用的提示词如下：

The Temple of Heaven in Beijing, China is seen through the open red door with golden buttons on both sides. The circular building has three-storied and decorated steps leading to it. framing --ar 16:9

在AI摄影中，提示词"framing"可以结合多种"边框"共同使用，如树枝、花草等物体自然形成的"边框"，或窄小的通道、建筑物、窗户、隧道等人为制造出来的"边框"。

## 7.2.4 指令8：中心构图

扫码看教学视频

中心构图（center the composition）是指将主体放置于画面的正中央，使其尽可能地处于画面的对称轴上，从而让主体在画面中显得非常突出和集中，中心构图效果如图7-8所示。

图 7-8 中心构图效果

这张AI摄影作品使用的提示词如下：

A beautiful Chinese woman wearing a white long-sleeved dress and a straw hat, holding flowers in her hand, standing on a grassland with mountains behind her. center the composition --ar 16:9

在AI摄影中，使用提示词"center the composition"可以有效突出主体的形象和特征，适用于花卉、鸟类、宠物、人像等类型的照片。

## 7.2.5　指令 9：微距构图

微距构图（macro shot）是一种专门用于拍摄微小物体的构图方

式，主要目的是尽可能地展现主体的细节和纹理，以及赋予其更大的

扫码看教学视频

视觉冲击力，适用于花卉、小动物、美食或生活中的小物品等类型的照片，微距

构图效果如图7-9所示。

图 7-9　微距构图效果

这张AI摄影作品使用的提示词如下：

a snail crawling on top of moss, in the style of luminouslight effects, macro shot,
ultraviolet photography, lightbrown and light amber, in the style of realistic chiaroscuro
lighting, high quality photo --ar 16:9

在AI摄影中，使用提示词"macro shot"可以大幅度地放大展现非常小的主
体细节和特征，包括纹理、线条、颜色、形状等，从而创造出一个独特且让人惊
艳的视觉空间，更好地表现画面主体的神秘感、精致感和美感。

## 7.2.6　指令 10：对角线构图

对角线构图（diagonal composition）是指利用物体、形状或线条

的对角线来划分画面，并使得画面具有很强的动感和层次感，对角线

扫码看教学视频

构图效果如图7-10所示。

图 7-10  对角线构图效果

这张AI摄影作品使用的提示词如下：

the red palace wall, a yellow roof, diagonal composition, in the style of cloisonnism, vernacular photography, skyblue and red, atmospheric clouds, authentic detailsterracotta, dark azure and amber --ar 16:9

在AI摄影中，使用提示词"diagonal composition"可以将主体或关键元素沿着对角线放置，从而让画面在视觉上产生一种意想不到的张力，吸引人们的注意力。

## 7.2.7  指令 11：消失点构图

扫码看教学视频

消失点构图（vanishing point composition）是指通过将画面中所有线条或物体的近端都向一个共同的点（这个点称为消失点）汇聚出去，可以表现出空间深度和高低错落的感觉，消失点构图效果如图7-11所示。

这张AI摄影作品使用的提示词如下：

The railway tracks are especially beautiful at sunset, light maroon and green, vanishing point composition, symmetrical balance, impressive skies, creative commons attribution. --ar 3:2

在AI摄影中，使用提示词"vanishing point composition"能够增强画面的立体感，并通过塑造画面空间来提升视觉冲击力，适用于城市风光、建筑、道路、铁路、桥梁等类型的照片。

图 7-11 消失点构图效果

## 7.2.8 指令 12：三分法构图

扫码看教学视频

三分法构图（rule of thirds）又称为三分线构图（three line composition），是指将画面从横向或竖向平均分割成三个部分，并将主体或重点位置放置在这些划分线或交点上，可以有效提高照片的平衡感和突出主体，三分法构图效果如图7-12所示。

图 7-12 三分法构图效果

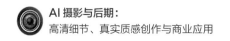

这张AI摄影作品使用的提示词如下：

Chinese style landscape, white snow scene, ancient pagoda in the middle of lake surrounded by trees covered with rime, distant view, foggy sky, light blue background color tone, high definition photography, wideangle lens, three line composition --ar 19:13

在AI摄影中，使用提示词"rule of thirds"或"three line composition"可以将画面主体平衡地放置在相应的位置上，实现视觉张力的均衡分配，从而更好地传达出画面的主题和情感。

# 本章小结

本章主要介绍了12种构图指令，首先介绍了4种镜头景别的控制方式，包括远景、中景、近景和特写；然后介绍了8种热门的AI摄影构图方式，包括前景构图、对称构图、框架构图、中心构图、微距构图、对角线构图、消失点构图和三分法构图。通过本章的学习，读者可以创作出更多构图合理、画面精美的AI摄影作品。

# 课后习题

鉴于本章内容的重要性，为了帮助读者更好地掌握所学知识，本节将通过课后习题，帮助读者进行简单的知识回顾。

1. 使用Midjourney生成一张微距构图的动物照片，类似效果如图7-13所示。

扫码看教学视频

图 7-13　微距构图的动物照片

2. 使用Midjourney生成一张三分法构图的风光照片，类似效果如图7-14所示。

图 7-14　三分法构图的风光照片

# 第8章

# 光线色调指令，获取最佳影调

  光线与色调都是摄影中非常重要的元素，它们可以呈现出很强的视觉吸引力和情感表达效果，传达出作者想要表达的主题和情感。同样，在AI摄影中使用正确的光线与色调相关的提示词，可以协助AI模型生成更富有表现力的照片效果。本章主要介绍通过光线色调指令获取图片最佳影调的方法。

# 8.1　AI 摄影的光线类型

在AI摄影中，合理地加入一些光线提示词，可以创造出不同的画面效果和营造氛围感，通过加入光源角度、强度等提示词，可以对画面主体进行突出或柔化处理，调整场景氛围，增强画面表现力，从而深化AI照片的内容。本节主要介绍4种常用的AI摄影的光线类型。

## 8.1.1　指令 1：顺光

顺光（front lighting）指的是主体被光线直接照亮的情况，也就是拍摄主体面朝着光源的方向。在AI摄影中，使用提示词"front lighting"可以让主体看起来更加明亮、生动，轮廓线更加分明，具有立体感，能够把主体和背景隔离开来，增强画面的层次感，顺光效果如图8-1所示。

图 8-1　顺光效果

这张AI摄影作品使用的提示词如下：

White cherry blossoms with dark red leaves on the stem, against an isolated background. Macro photography, bokeh effect, front lighting, closeup shot, sharp focus,

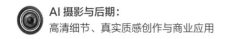

high resolution. --ar 16:9

　　此外，顺光还可以营造出一种充满活力和温暖的氛围。不过，需要注意的是，如果阳光过于强烈或角度不对，也可能会导致照片出现过曝或阴影严重等问题，当然用户也可以在后期使用Photoshop对照片光影进行优化处理。

## 8.1.2　指令2：侧光

扫码看教学视频

　　侧光（raking light）是指从主体侧面斜射的光线，通常用于强调主体的纹理和形态。在AI摄影中，使用提示词"raking light"可以突出主体对象的表面细节和立体感，在强调细节的同时也会加强色彩的对比度和明暗反差效果，侧光效果如图8-2所示。

图 8-2　侧光效果

　　这张AI摄影作品使用的提示词如下：

　　A photo of fried rice in a grey bowl on a white table top with some barbeque items on the side, raking light, shot in the style of a Sony A7s iii camera with an f/2 lens, ultra realistic details. --ar 19:12

### 8.1.3 指令 3：逆光

逆光（back light）是指从主体的后方照射过来的光线，在摄影中也称为背光。在AI摄影中，使用提示词"back light"可以营造出强烈的视觉层次感和立体感，让主体轮廓更加分明、清晰，在生成人像类和风景类的照片时效果非常好，逆光效果如图8-3所示。

图 8-3 逆光效果

这张AI摄影作品使用的提示词如下：

A beautiful high school girl wearing a white short-sleeved shirt and blue skirt sitting on the stairs, one hand under her face, long hair, back light, perfect details --ar 16:9

特别是在用AI模型绘制夕阳、日出和水上反射等场景时，"back light"能够产生剪影和色彩渐变，给照片带来极具艺术性的画面效果。

### 8.1.4 指令 4：顶光

顶光（top light）是指从主体的上方垂直照射下来的光线，能让主体的投影垂直显示在下面。使用提示词"top light"非常适合生成食品和饮料等AI摄影作品，能够增加视觉诱惑力，顶光效果如图8-4所示。

扫码看教学视频

图 8-4 顶光效果

这张AI摄影作品使用的提示词如下：

A plate of braised pig's feet, a Chinese cuisine delicacy with raw meat and marinade sauce on top. Green lettuce leaves are decorated with purple flowers, placed on a white tablecloth. top light --ar 19:12

☆ 专家提醒 ☆

由于光线直接从主体上方照射，会在主体下方产生明显的阴影，这种阴影有时候会影响画面的美观，特别是在人像摄影中，可能会在眼睛下方形成"熊猫眼"的效果。

## 8.2  AI 摄影的特殊光线

光线对于AI摄影来说非常重要，它能够营造出非常自然的氛围感和光影效果，突显照片的主题特点，同时也能够掩盖照片的不足之处。因此，我们要掌握各种特殊光线提示词的用法，从而有效提升AI摄影作品的质量和艺术价值。本节将为大家介绍6种特殊的AI摄影光线提示词用法，希望对大家做出更好的作品有所帮助。

## 8.2.1　指令 5：冷光

扫码看教学视频

冷光（cold light）是指色温较高的光线，通常呈现出蓝色、白色等冷色调。在AI摄影中，使用提示词“cold light”可以营造出寒冷、清新、高科技的画面感，并且能够突出主体的纹理和细节。例如，在使用AI模型生成人像照片时，添加提示词“cold light”可以赋予人物高贵、冷静的视觉效果，冷光效果如图8-5所示。

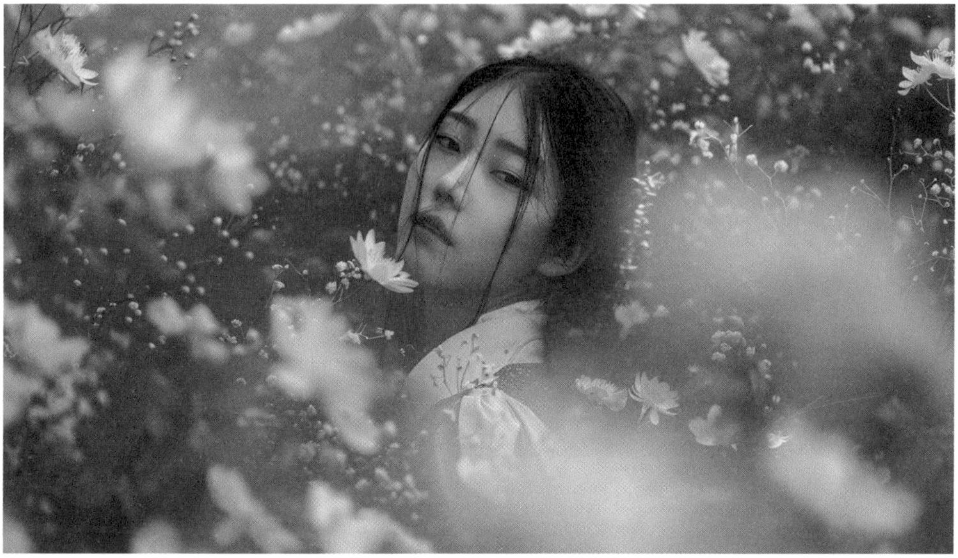

图 8-5　冷光效果

这张AI摄影作品使用的提示词如下：

A beautiful Chinese woman standing in the sea of flowers, with clear details and texture, full shot, cold light --ar 16:9

☆ 专家提醒 ☆

在 AI 艺术和商业作品中，使用冷光可以传达特定的情绪和氛围。冷光特别适用于风景摄影、建筑摄影、夜景摄影，以及某些类型的人像和产品摄影中，尤其是当需要强调产品的清洁、精密或高科技属性时。

## 8.2.2　指令 6：暖光

扫码看教学视频

暖光（warm light）是指色温较低的光线，通常呈现出黄色、橙色、红色等暖色调。在AI摄影中，使用提示词“warm light”可以营造出温馨、舒适、浪漫的画面感，并且能够突出主体的色彩和质感。例如，在用AI模型生成美食照片时，添加提示词"warm light"可以让食物的色彩变得更加诱人，暖光效果如图8-6所示。

图8-6 暖光效果

这张AI摄影作品使用的提示词如下：

A large hot plate of Korean food with various ingredients, including ham and eggs on top. The background is filled with other Korean dishes such as kimchi and vegetables. Shoot in the style of a professional photographer, capturing details in warm light. --ar 19:12

## 8.2.3 指令7：晨光

晨光（morning light）是指日出时分的光线，具有柔和、温暖、光影丰富的特点，可以产生非常独特和美妙的画面效果，晨光效果如图8-7所示。

扫码看教学视频

图8-7的AI摄影作品使用的提示词如下：

Chinese beauty, wearing a green Hanfu with long hair in the sunlight, with exquisite facial features and delicate makeup, and exquisite earrings, standing under lush trees, with soft light, morning light --ar 16:9

图 8-7　晨光效果

在AI摄影中，使用提示词"morning light"可以产生柔和的阴影和丰富的色彩变化，而不会产生太多硬直的阴影，常用于生成人像、风景等类型的照片。"morning light"不会让人有光线强烈和刺眼的感觉，反而能够让主体看起来更加自然、清晰、有层次感，也更加容易表现出照片主题的氛围。

## 8.2.4　指令 8：太阳光

太阳光（sunlight）是指来自太阳的自然光线，在摄影中也常被称为自然光（natural light）或日光（daylight）。在AI摄影中，使用提示词"sunlight"可以给主体带来非常强烈、明亮的光线效果，同时也能够产生鲜明、生动、舒适、真实的色彩和阴影效果，太阳光效果如图8-8所示。

扫码看教学视频

图 8-8　太阳光效果

这张AI摄影作品使用的提示词如下：

Chinese beauty, long hair blowing in the wind, wearing a white shirt and red lipstick, standing on an open field with her eyes closed, The background is golden grasslands, Sunlight irradiation --ar 16:9

## 8.2.5　指令 9：黄金时段光

黄金时段光（golden hour light）是指在日出或日落前后一小时内的特殊阳光照射状态，也称为"金色时刻"，期间的阳光具有柔和、温暖且呈金黄色的特点。在AI摄影中，使用提示词"golden hour light"能够反射出更多的金黄色和橙色的温暖色调，让主体看起来更加立体、自然和舒适，层次感也更丰富，黄金时段光效果如图8-9所示。

图 8-9　黄金时段光效果

这张AI摄影作品使用的提示词如下：

golden hour light, Sunset on the beach, some people playing on the beach, in the style of rural china, wide angle, hallyu, industrial landscapes, orange, environmentally inspired. --ar 16:9

## 8.2.6　指令 10：赛博朋克光

赛博朋克光（cyberpunk light）是一种特定的光线类型，通常用于电影画面、摄影作品和艺术作品中，以呈现明显的未来主义和科幻元素等风格。在AI摄影中，可以使用提示词"cyberpunk light"呈现出高对比度、鲜艳的颜色和各种几何形状，从而增加照片的视觉冲击力和表现力，赛博朋克光效果如图8-10所示。

图 8-10　赛博朋克光效果

这张AI摄影作品使用的提示词如下：

a cityscape light up at night with colorful lighting, punk rockaesthetic, cyberpunk light, in the style of dark azure andcrimson, light pink and dark azure, naturalistic cityscapes, 20 megapixels, aerial view, high-angle --ar 16:9

# 8.3　AI 摄影的流行色调

色调是指整个照片的颜色、亮度和对比度的组合，它是照片在后期处理中通过各种软件进行的色彩调整，从而使不同的颜色呈现出特定的效果和氛围感。

在AI摄影中，色调提示词的运用可以改变照片的情绪和气氛，增强照片的表现力和感染力。因此，用户可以通过运用不同的色调提示词来加强或抑制不同颜色的饱和度与明度，以便更好地传达照片的主题思想和主体特征。

## 8.3.1　指令 11：橙色调

亮丽橙色调（bright orange tone）是一种明亮、高饱和度的色调。在AI摄影中，使用提示词"bright orange tone"可以营造出充满活力、兴奋和温暖的氛围感，常常用于强调画面中的特定区域或主体等元素，亮丽橙色

扫码看教学视频

调效果如图8-11所示。

图 8-11　亮丽橙色调效果

这张AI摄影作品使用的提示词如下：

A bouquet of bright orange tone colored sunflowers and yellow roses, as well as blue roses, photographed in the style of a professional, with professional lighting and a professional shot. --ar 19:12

亮丽橙色调常用于生成户外场景、日落或日出、运动比赛等AI摄影作品，在这些场景中会有大量金黄色的元素，因此加入提示词"bright orange"会增加照片的立体感，并凸显画面瞬间的情感张力。另外，使用"bright orange"这样的颜色也需要尽量控制其饱和度，以免画面颜色过于刺眼或浮夸，影响照片的整体效果。

## 8.3.2　指令 12：绿色调

自然绿色调（natural green tone）具有柔和、温馨等特点，在AI摄影中使用该提示词可以营造出大自然的感觉，令人联想到青草、森林或童年，常用于生成自然风光或环境人像等AI摄影作品，自然绿色调效果如图8-12所示。

扫码看教学视频

图8-12的AI摄影作品使用的提示词如下：

A small pink flower blooming among the leaves of green clover, natural green tone, captured with a Canon camera in the style of impressionism. --ar 16:9

图 8-12　自然绿色调效果

### 8.3.3　指令 13：蓝色调

稳重蓝色调（steady blue tone）可以营造出刚毅、坚定和高雅等视觉感受，适用于生成城市建筑、街道、科技场景等AI摄影作品。

在AI摄影中，使用提示词"steady blue tone"能够突出画面中的大型建筑、桥梁和城市景观，让画面看起来更加稳重和成熟，同时还能够营造出高雅、精致的气质，从而使照片更具美感和艺术性，稳重蓝色调效果如图8-13所示。

图 8-13　稳重蓝色调效果

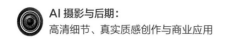

这张AI摄影作品使用的提示词如下:

The tall buildings of the "new city" in Yichang, China stand in the style of West Lake and river bank on a blue sky background, steady blue tone, The water surface reflects green trees and modern architecture, creating a beautiful scenery captured with high-definition photography. --ar 16:9

☆ 专家提醒 ☆

如果用户需要强调照片的某个特点（如构图、色调等），可以多添加相关的提示词来重复描述，让 AI 模型在绘画时能够进一步突出这个特点。例如，在图 8-13 中，不仅可以添加提示词"steady blue"，还可以使用一个提示词"blue and white glaze"（蓝白釉），通过蓝色与白色的相互衬托，能够让照片更具吸引力。

## 8.3.4  指令 14：糖果色调

扫码看教学视频

糖果色调（candy tone）是一种鲜艳、明亮的色调，常用于营造轻松、欢快和甜美的氛围感。糖果色调主要通过增加画面的饱和度与亮度，同时减少曝光度来达到柔和的画面效果，通常会给人一种青春跃动和甜美可爱的感觉，糖果色调效果如图8-14所示。

图 8-14  糖果色调效果

这张AI摄影作品使用的提示词如下:

a small car is parked in a front of a building, in the style of candy tone, retro chic, white and pink, uhd image, travel, vibrant street scenes, elaborate facades, rollei prego 90 --ar 16:9

在AI摄影中，提示词"candy tone"非常适合生成建筑、街景、儿童、食品、花卉等类型的照片。在AI绘图工具中生成街景照片时，添加提示词"candy tone"能够让照片给人一种童话世界的感觉，色彩丰富又不刺眼。

# 本章小结

本章主要介绍了14种光线色调指令，首先介绍了4种AI摄影的光线类型，包括顺光、侧光、逆光及顶光；然后介绍了6种AI摄影的特殊光线，包括冷光、暖光、晨光、太阳光、黄金时段光及赛博朋克光；最后介绍了4种AI摄影的流行色调，包括橙色调、绿色调、蓝色调及糖果色调。通过本章的学习，读者能够更好地掌握光影色调指令在AI摄影中的用法。

# 课后习题

鉴于本章内容的重要性，为了帮助读者更好地掌握所学知识，本节将通过课后习题，帮助读者进行简单的知识回顾。

1. 使用Midjourney生成一张侧逆光的人物照片，类似效果如图8-15所示。
2. 使用Midjourney生成一张蓝色调的风光照片，类似效果如图8-16所示。

图 8-15　侧逆光的人物照片

图 8-16　蓝色调的风光照片

扫码看教学视频

扫码看教学视频

# 第9章

# 风格渲染指令，增添画面质感

AI摄影中的艺术风格是指用户在通过AI绘画工具生成照片时，所表现出来的美学风格和个人创造性，它通常涵盖了构图、光线、色彩、题材、处理技巧等多种因素，以体现作品的独特视觉语言和作者的审美追求。本章主要介绍AI摄影中的风格渲染指令，帮助大家轻松创作出AI摄影作品。

# 9.1　AI 摄影的艺术风格

艺术风格是指AI摄影作品中呈现出的独特、个性化的风格和审美表达方式，反映了作者对画面的理解、感知和表达。本节主要介绍6类AI摄影的艺术风格，可以帮助大家更好地塑造自己的审美观，并提升照片的品质和表现力。

## 9.1.1　指令 1：抽象主义风格

抽象主义（abstractionism）是一种以形式、色彩为重点的摄影艺术风格，通过结合主体对象和环境中的构成、纹理、线条等元素进行创作，将原来真实的景象转化为抽象的图像，传达出一种突破传统审美习惯的审美挑战，抽象主义风格的AI照片效果如图9-1所示。

扫码看教学视频

图 9-1　抽象主义风格的 AI 照片效果

这张AI摄影作品使用的提示词如下：

some sand dunes are shown with footprints in betweenthem, in the style of dark bronze and dark black, layeredfabrications, photo taken with provia, algorithmicartistry, Abstractionism, Texture and layering --ar 3:2

在AI摄影中，抽象主义风格的提示词包括：vibrant colors（鲜艳的色彩）、geometric shapes（几何形状）、abstract patterns（抽象图案）、motion and flow（运动和流动）、texture and layering（纹理和层次）。

## 9.1.2 指令2：纪实主义风格

纪实主义（documentarianism）是一种致力于展现真实生活、真实情感和真实经验的摄影艺术风格，它更加注重如实地描绘大自然和反映现实生活，探索被摄对象所处时代、社会、文化背景下的意义与价值，呈现出人们亲身体验并能够产生共鸣的生活场景和情感状态，纪实主义风格的AI照片效果如图9-2所示。

图 9-2　纪实主义风格的 AI 照片效果

这张AI摄影作品使用的提示词如下：

a stove with pots and kettles on it sitting, in the style of film noir aesthetic, in the style of chinese cultural themes, schlieren photography, natural light and real scenes, soft mist, real life. --ar 3:2

☆ 专家提醒 ☆

上图通过提示词"in the style of film noir aesthetic"（黑色电影美学的风格）呈现出暗角效果，有利于突出茶具的质感和颜色，并营造出一种古朴而雅致的氛围感。

在AI摄影中，纪实主义风格的提示词包括：real life（真实生活）、natural light and real scenes（自然光线与真实场景）、hyper-realistic texture（超逼真的纹理）、precise details（精确的细节）、realistic still life（逼真的静物）、realistic portrait（逼真的肖像）、realistic landscape（逼真的风景）。

### 9.1.3　指令 3：超现实主义风格

超现实主义（surrealism）是指一种挑战常规的摄影艺术风格，追求超越现实，呈现出理性和逻辑之外的景象和感受，超现实主义风格的AI照片效果如图9-3所示。超现实主义风格倡导通过摄影手段表达作者非显而易见的想象和情感，强调表现作者的心灵世界和审美态度。

图 9-3　超现实主义风格的 AI 照片效果

这张AI摄影作品使用的提示词如下：

girl standing on a rock and a castle in the sky, in the style of photorealistic surrealism, gravity-defyingarchite cture, Dreamlike, uhd image, misty gothic, Surreal landscape, highresolution --ar 16:9

在AI摄影中，超现实主义风格的提示词包括：dreamlike（梦幻般的）、surreal landscape（超现实的风景）、mysterious creatures（神秘的生物）、distorted reality（扭曲的现实）、surreal still objects（超现实的静态物体）。

### 9.1.4　指令 4：极简主义风格

极简主义（minimalism）是一种强调简洁、减少冗余元素的摄影艺术风格，旨在通过精简的形式和结构来表现事物的本质和内在联系，追求视觉上的简约、干净和平静，让画面更加简洁而具有力量感，极简主义风格的AI照片效果如图9-4所示。

图 9-4　极简主义风格的 AI 照片效果

这张AI摄影作品使用的提示词如下：

a bird flying above an asian building, in the style of minimalist black and white, serenity and harmony, Simple --ar 16:9

在AI摄影中，极简主义风格的提示词包括：simple（简单）、clean lines（简洁的线条）、minimalist colors（极简色彩）、negative space（负空间）、minimal still life（极简静物）。

## 9.1.5　指令5：古典主义风格

扫码看教学视频

古典主义（classicism）是一种提倡使用传统艺术元素的摄影艺术风格，注重作品的整体性和平衡感，追求一种宏大的构图方式和庄重的风格、气魄，创造出具有艺术张力和现代感的摄影作品，古典主义风格的AI照片效果如图9-5所示。

图 9-5　古典主义风格的 AI 照片效果

这张AI摄影作品使用的提示词如下：

A Chinese girls in a long skirt stood in front of the old frenchwindow, in the style of miss aniela, classicist approach, romantic academia, light white andamber, vladimirkush, multiple filter effect --ar 16:9

在AI摄影中，古典主义风格的提示词包括：symmetry（对称）、hierarchy（秩序）、simplicity（简洁性）、contrast（明暗对比）。

## 9.1.6　指令6：流行艺术风格

扫码看教学视频

流行艺术（pop art）风格是指在特定时期或一段时间内，具有代表性和影响力的摄影艺术形式或思潮，具有鲜明的时代特征和审美风格，流行艺术风格的AI照片效果如图9-6所示。

不同于传统摄影追求真实记录的特点，流行艺术风格更加关注个人表达和视觉效果，通常运用各种前沿技术和创新手法，打破传统习惯，努力寻求新的摄影语言和形式，对于当下及未来的摄影发展具有重要的启示和推动作用。

图9-6　流行艺术风格的 AI 照片效果

这张AI摄影作品使用的提示词如下：

fashion photo of a woman in a white jacket, black top and plaid skirt, red shoes, blue background with large geometric shapes, pop art, Bold colors. --ar 16:9

在AI摄影中，流行艺术风格的提示词包括：bold colors（大胆的色彩）、stylized portraits（程式化的肖像）、famous faces（名人面孔）、pop art still life（波普艺术静物）、pop art landscape（波普艺术风景）。

# 9.2 AI 摄影的出图品质

通过添加辅助提示词，用户可以更好地指导AI模型生成符合自己期望的AI摄影作品，同时也可以提高AI模型的准确率和绘画质量。本节主要介绍一些AI摄影的出图品质提示词，帮助大家提升照片的画质效果。

## 9.2.1 指令 7：屡获殊荣的摄影作品

屡获殊荣的摄影作品（award winning photography），即获奖摄影作品，它是指在各种摄影比赛、展览或评选中获得奖项的摄影作品。

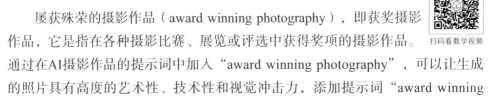

扫码看教学视频

通过在AI摄影作品的提示词中加入"award winning photography"，可以让生成的照片具有高度的艺术性、技术性和视觉冲击力，添加提示词"award winning photography"生成的照片效果如图9-7所示。

图 9-7 添加提示词 "award winning photography" 生成的照片效果

这张AI摄影作品使用的提示词如下：

snow covered mountains, forest, and rivers in the winter, in the style of the dusseldorf school of photography, award winning photography, strong contours, soft-edged --ar 16:9

## 9.2.2 指令 8：超逼真的皮肤纹理

超逼真的皮肤纹理（hyper realistic skin texture），意思是高度逼真的肌肤质感。在AI摄影中，使用提示词"hyper realistic skin texture"能够表现出人物面部皮肤上的微小细节和纹理，从而使肌肤看起来更加真实和自然，添加提示词"hyper realistic skin texture"生成的照片效果如图9-8所示。

图 9-8 添加提示词"hyper realistic skin texture"生成的照片效果

这张AI摄影作品使用的提示词如下：

young girl in a white shirt and red sitting on a woodenbench, in the style of anime inspired, red threads, suidynasty, dark silver and light red, candid momentscaptured, hyper realistic skin texture, fairycore --ar 16:9

## 9.2.3 指令 9：电影 / 戏剧 / 史诗

电影/戏剧/史诗（cinematic/dramatic/epic），这组提示词主要用于指定照片的画面风格，能够提升照片的艺术价值和视觉冲击力。图9-9所示为添加提示词"cinematic"生成的照片效果。

这张AI摄影作品使用的提示词如下：

a small boat floating in a lake at sunset, in the style of ruralchina, nikon d850, cinematic, charming, idyllic rural scenes, romantic: dramatic landscapes, light yellow and orange --ar 16:9

图 9-9　添加提示词 "cinematic" 生成的照片效果

☆ 专家提醒 ☆

提示词 "cinematic" 能够让照片呈现出电影质感，即采用类似电影的拍摄手法和后期处理方式，表现出沉稳、柔和、低饱和度等画面特点。

提示词 "dramatic" 能够突出画面的光影构造效果，通常使用高对比度、强烈色彩、深暗部等元素来表现强烈的情感渲染和氛围感。

提示词 "epic" 能够营造壮观、宏大、震撼人心的视觉效果，其特点包括局部高对比度、色彩明亮、前景与背景相得益彰等。

## 9.2.4　指令 10：超级详细

超级详细（super detailed），意思是精细的、细致的，在AI摄影中应用该提示词生成的照片能够清晰呈现出主体的细节和纹理，如毛发、羽毛、细微的沟壑等，添加提示词 "super detailed" 生成的照片效果如图9-10所示。

扫码看教学视频

这张AI摄影作品使用的提示词如下：

close up photo of a leopard mouth open, in the style of photo-realistic techniques, primitivist frenzy, super detailed, animated gifs, intense action scenes, hurufiyya, high quality photo --ar 16:9

提示词 "super detailed" 通常被用于生成微距摄影、生态摄影、产品摄影等题材的AI摄影作品，能够提高照片的质量和观赏性。

图 9-10　添加提示词"super detailed"生成的照片效果

## 9.2.5　指令 11：详细细节

扫码看教学视频

详细细节（detailed），通常指的是具有高度细节表现能力和丰富纹理的照片。提示词"detailed"能够对照片中的所有元素都进行精细化的控制，如细微的色调变换、暗部曝光、突出或屏蔽某些元素等，添加提示词"detailed"生成的照片效果如图9-11所示。

图 9-11　添加提示词"detailed"生成的照片效果

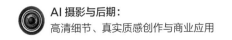

这张AI摄影作品使用的提示词如下：

mountain at sunrise in the grand tetons, in the style of photo-realistic landscapes, emotive fields of color, goldenhues, canon eos 5d mark iv, 32k uhd, detailed, light indigoand amber, serene pastoral scenes --ar 16:9

同时，"detailed"会对照片的局部细节和纹理进行针对性的增强和修复，从而使得照片更为清晰锐利、画质更佳。"detailed"适用于生成静物、风景、人像等类型的AI摄影作品，可以让作品更具艺术感，呈现出更多的细节。

## 9.2.6 指令 12：高细节 / 高品质 / 高分辨率

扫码看教学视频

高细节/高品质/高分辨率（high detail/hyper quality/high resolution），这组提示词常用于肖像、风景、商品和建筑等类型的AI摄影作品中，可以使照片在细节和纹理方面更具有表现力和视觉冲击力。

提示词"high detail"能够让照片具有高度细节表现能力，即可以清晰地呈现出人物或物体的各种细节和纹理，如毛发、衣服的纹理等。而在真实摄影中，通常需要使用高端相机和镜头拍摄并进行后期处理，才能实现"high detail"的效果。

提示词"hyper quality"通过对AI摄影作品的明暗对比、白平衡、饱和度及构图等因素的严密控制，让照片具有超高的质感和清晰度，以达到非凡的视觉冲击效果，添加提示词"hyper quality"生成的照片效果如图9-12所示。

图 9-12　添加提示词"hyper quality"生成的照片效果

168

这张AI摄影作品使用的提示词如下：

a colorful parrot, in the style of exaggerated facial features, 8k resolution, hyper quality, dark indigo and crimson, national geographic photo, flickr, shallow depth of field, close-up, emphasis on facial expression --ar 16:9

提示词"high resolution"可以为AI摄影作品带来更高的锐度、清晰度和精细度，生成更为真实、生动和逼真的画面效果。

## 9.2.7　指令 13：8K 流畅 /8K 分辨率

扫码看教学视频

8K流畅/8K分辨率（8K smooth/8K resolution），这组提示词可以让AI摄影作品呈现出更为清晰流畅、真实自然的画面效果，并为观众带来更好的视觉体验。

在提示词"8K smooth"中，"8K"表示分辨率高达7680像素×4320像素的超高清晰度（注意AI模型只是模拟这种效果，实际分辨率达不到），而"smooth"则表示画面更加流畅、自然，不会出现画面抖动或者卡顿等问题，添加提示词"8K smooth"生成的照片效果如图9-13所示。

图 9-13　添加提示词"8K smooth"生成的照片效果

这张AI摄影作品使用的提示词如下：

wildflower scene as the sun goes down in the mountains, in the style of richly colored skies, national geographic photo, epiclandscapes, michaelshainblum, lush and detailed, metropolismeets nature, sky-blue and green, 8K smooth --ar 16:9

在提示词"8K resolution"中，"8K"的意思与"8K smooth"中的"8K"意思相同，"resolution"则表示再次强调高分辨率，从而让画面有较高的细节表现能力和视觉冲击力。

# 本章小结

本章主要向读者介绍了AI摄影的风格渲染指令，包括6类AI摄影艺术风格的提示词和7种高品质的摄影艺术创作形式，不同的艺术风格有其独特的审美追求和表现手法，可以为AI摄影作品增色添彩，赋予照片更加深刻的意境和情感表达。通过对本章的学习，读者能够更好地使用AI模型生成独具一格的摄影作品。

# 课后习题

鉴于本章内容的重要性，为了帮助读者更好地掌握所学知识，本节将通过课后习题，帮助读者进行简单的知识回顾。

1. 使用Midjourney生成一张极简主义风格的照片，类似效果如图9-14所示。

扫码看教学视频

图 9-14　一张极简主义风格的照片

2. 使用Midjourney生成一张屡获殊荣的摄影作品，类似效果如图9-15所示。

图 9-15　一张屡获殊荣的摄影作品

# 【后期处理篇】

## 第10章　使用剪映App对照片进行AI处理

剪映App中的AI作图功能是一项引人瞩目的技术创新，它结合了深度学习和图像处理领域的最新技术，为用户提供了便捷、高效且多样化的图片编辑体验。本章主要向读者介绍使用剪映App对照片进行AI处理的操作方法。

# 10.1 对 AI 照片的局部进行精修

目前的AI绘图工具虽然已经取得了很大进步，但仍然存在一些局限性。AI绘图工具通常是基于大量的训练数据进行学习的。例如，如果训练数据中缺乏手指变形的样本，模型可能无法准确地绘制出人物手指的形状。另外，一些模型可能只关注整体结构而忽略了细节，导致出现手指变形等问题。本节主要介绍使用剪映App对AI照片的局部进行精修的方法。

## 10.1.1 解决人物手部不自然的问题

在使用AI绘图工具时，如果生成的AI照片存在人物五官不协调或手指有问题等细节错误时，是相对常见的，这些问题通常由AI模型在处理复杂细节时的局限性引起。使用剪映App可以解决人物手部不自然的问题，原照片和调整后的照片效果对比如图10-1所示。

扫码看教学视频

图 10-1　原照片和调整后的照片效果对比

下面介绍使用剪映App解决人物手部不自然的操作方法。

**步骤 01** 参考第2章安装并打开剪映App的操作方法，打开剪映App的"剪辑"界面，点击右上角的"展开"按钮，展开相应面板，点击"AI作图"图标，进入AI作图界面，在其中输入相应文本内容，点击"立即生成"按钮，即可生成相应的AI照片（见图10-2），此时发现人物出现手指不自然的现象。

**步骤 02** 点击该照片，即可放大显示画面内容，点击下方工具栏中的"局部重绘"按钮，如图10-3所示。

图 10-2　生成相应的 AI 照片

图 10-3　点击下方工具栏中的"局部重绘"按钮

**步骤 03** 弹出"局部重绘"面板，设置"画笔"的大小为63，调整画笔的笔触大小，如图10-4所示。

**步骤 04** 在照片中人物的手指处进行涂抹，创建重绘区域，如图10-5所示。

图 10-4　调整画笔的笔触大小

图 10-5　创建重绘区域

**步骤 05** 点击下方的输入框，适当修改描述的内容，如图10-6所示，然后点击"确认"按钮。

步骤06 点击"立即生成"按钮，如图10-7所示。

图 10-6　适当修改描述的内容　　　　　图 10-7　点击"立即生成"按钮

步骤07 执行上述操作后，即可重新生成 AI 照片（见图10-8），此时人物手指正常了。

步骤08 选择第2张AI照片，点击"超清图"按钮，如图10-9所示。

步骤09 预览高清照片，点击"下载"按钮，如图 10-10 所示，即可下载照片。

图 10-8　重新生成 AI 照片　　　图 10-9　点击"超清图"按钮　　　图 10-10　点击"下载"按钮

## 10.1.2　解决动物嘴部不正常的问题

　　在剪映App中，使用"细节重绘"功能，可以自动微调并重新生成动物的嘴部，原照片和调整后的照片效果对比如图10-11所示。

图 10-11　原照片和调整后的照片效果对比

　　下面介绍使用剪映App解决动物嘴部不正常的操作方法。

　　步骤 01 在"创作"界面中，选择一张动物嘴部有问题的照片（见图 10-12），放大观察动物的嘴部，可以看出这只小狗的嘴部不协调，不符合正常的结构。

　　步骤 02 点击左上角的箭头 ，返回"创作"界面，点击下方的"细节重绘"按钮，如图10-13所示。

图 10-12　动物嘴部有问题的照片　　　　图 10-13　点击下方的"细节重绘"按钮

步骤 03 执行上述操作后，即可重新生成小狗照片，如图10-14所示，照片左上角显示了"细节重绘"字样，此时可以发现小狗的嘴部正常了。

步骤 04 点击小狗照片，放大显示照片，点击右上角的"导出"按钮，如图10-15所示，导出AI照片。

图 10-14　重新生成小狗照片　　　　　　图 10-15　点击右上角的"导出"按钮

## 10.1.3　微调更改人物衣服的颜色

在剪映 App 中，"微调"功能使用了图像分割和颜色替换等技术，可以对图像的局部进行细微的修改或调整，使得用户能够在不重新绘制整个图像的情况下，轻松地对局部细节进行修改，原照片和调整后的照片效果对比如图 10-16 所示。

扫码看教学视频

图 10-16　原照片和调整后的照片效果对比

下面介绍使用剪映App微调更改人物衣服颜色的操作方法。

**步骤01** 在"创作"界面中，选择一张需要更改衣服颜色的人物照片，点击下方的"微调"按钮，如图10-17所示。

**步骤02** 弹出"微调"面板，在输入框中基于原来的描述进行适当修改，如图 10-18 所示。

图 10-17　点击下方的"微调"按钮　　　　图 10-18　基于原来的描述进行适当修改

**步骤03** 点击"确认"按钮，即可重新生成相应的 AI 照片，如图 10-19 所示，可以看到人物的衣服已经变为粉红色。

**步骤04** 选择第 1 张 AI 照片，点击"超清图"按钮，预览高清照片，效果如图 10-20所示。

图 10-19　重新生成相应的 AI　　图 10-20　预览高清照片
　　　　照片

扫码看教学视频

## 10.1.4 对 AI 照片进行精细度处理

在剪映App中，"精细度"参数主要用于控制生成图像的质量和精细程度。通常情况下，"精细度"的数值越高，生成的图像质量越好，细节更丰富，但同时也会增加生成图像所需的时间，进行精细度处理的AI照片效果如图10-21所示。

图 10-21　进行精细度处理的 AI 照片效果

下面介绍对AI照片进行精细度处理的操作方法。

步骤 01 进入"创作"界面，在输入框中输入相应的提示词内容，如图10-22所示。

步骤 02 点击下方的 田 按钮，弹出"参数调整"面板，在其中设置"精细度"为50，如图10-23所示，可以使生成的AI照片细节很丰富，具有较高的图像质量。

图 10-22　输入相应的提示词内容

图 10-23　设置"精细度"为 50

步骤 03 点击☑按钮，然后点击"立即生成"按钮，即可生成精细度较高的
AI照片，如图10-24所示，细节很丰富。

步骤 04 选择第1张AI照片，点击"超清图"按钮，预览高清照片，效果如
图10-25所示。

图 10-24　生成精细度较高的 AI 照片　　　　图 10-25　预览高清照片

## 10.1.5　扩展照片生成更多需要的内容

在剪映App中，"扩图"功能可以基于现有图片生成更多的内
容，这项技术通过AI理解图片的风格、内容和结构，并在此基础上创
造性地扩展图片，使其包含更多的场景或细节，使图片更加丰富和吸引人，增强
观赏性和沉浸感，原照片和扩展后的照片效果对比如图10-26所示。

图 10-26　原照片和扩展后的照片效果对比

下面介绍扩展照片生成更多需要的内容的操作方法。

步骤01 进入"创作"界面，点击一张需要扩展的荷花照片，如图10-27所示。

步骤02 执行上述操作后，进入相应界面，点击下方的"扩图"按钮，如图10-28所示。

图 10-27　点击一张需要扩展的荷花照片

图 10-28　点击下方的"扩图"按钮

步骤03 弹出"扩图"面板，默认"等比扩图"为 2x，表示将图片扩大 2 倍，点击下方的输入框，如图 10-29 所示。

步骤04 在输入框中重新输入扩图后的内容要求，如图 10-30 所示。

图 10-29　点击下方的输入框

图 10-30　输入扩图后的内容
要求

步骤 05 点击"确认"按钮，然后点击"立即生成"按钮，即可重新生成相应照片，如图10-31所示。我们可以看到原来的照片被扩大了两倍，展现了更多的场景和细节。

步骤 06 选择第1张AI照片，点击"超清图"按钮，预览高清照片，效果如图10-32所示。

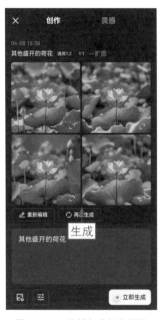

图 10-31　重新生成相应照片

图 10-32　预览高清照片

# 10.2　调整 AI 照片的色彩与色调

色彩与色调可以影响人们的情绪和感受，调整AI照片的色彩和色调可以营造出不同的氛围和情感，使照片更具艺术性和表现力。本节主要介绍调整AI照片的色彩与色调的方法。

## 10.2.1　处理 AI 照片画面过亮的问题

AI照片画面过亮会影响照片的真实感，如星空、星轨照片太亮就不正常，也不美观。此时需要降低照片的亮度，以保留照片中的细节和纹理，原照片与调整后的照片效果对比如图10-33所示。

扫码看教学视频

图 10-33　原照片与调整后的照片效果对比

下面介绍处理AI照片画面过亮的操作方法。

步骤 01　进入"创作"界面，点击一张需要降低画面亮度的星轨照片，如图10-34所示。

步骤 02　执行上述操作后，进入相应界面，点击"编辑更多"按钮，如图10-35所示。

图 10-34　点击一张需要降低画面亮度的星轨照片　　　图 10-35　点击"编辑更多"按钮

步骤 03　进入相应界面，点击"调节"按钮，如图10-36所示。

步骤 04　弹出"调节"面板，设置"光感"为-34，如图10-37所示，降低画面的光感。

图 10-36　点击"调节"按钮

图 10-37　设置"光感"为 −34

**步骤 05** 设置"亮度"为−59，如图10-38所示，降低画面的亮度。

**步骤 06** 设置"曝光"为−25，如图10-39所示，降低画面的整体曝光。

图 10-38　设置"亮度"为 −59

图 10-39　设置"曝光"为 −25

**步骤 07** 设置"对比度"为54，如图10-40所示，提高画面的对比度，使画面更加清晰。

步骤08 设置"阴影"为-8，如图10-41所示，降低画面的阴影光线。然后点击右侧的✓按钮，完成AI照片的调整。

图 10-40 设置"对比度"为 54

图 10-41 设置"阴影"为 -8

## 10.2.2 调整 AI 照片的饱和度与色彩

色彩鲜艳、丰富的AI照片更具有吸引力，能够更好地吸引观众的注意力，通过增加照片的饱和度并调整画面的色彩，可以使照片中的颜色更加生动，从而增强照片的视觉吸引力，原照片和调整后的照片效果对比如图10-42所示。

扫码看教学视频

图 10-42 原照片和调整后的照片效果对比

下面介绍调整AI照片的饱和度与色彩的操作方法。

步骤01 进入"创作"界面，点击一张需要调整饱和度的 AI 照片，如图 10-43 所示。

步骤02 执行上述操作后，进入相应界面，点击"编辑更多"按钮，如图 10-44 所示。

步骤03 进入相应界面，点击"调节"按钮，如图 10-45 所示。

步骤04 弹出"调节"面板，设置"光感"为 19，如图 10-46 所示，将画面稍微调亮一点。

步骤05 设置"亮度"为25，如图 10-47 所示，适当提亮画面，显示更多细节。

图 10-43　点击一张需要调整　　图 10-44　点击"编辑更多"
饱和度的 AI 照片　　　　　　　　　按钮

图 10-45　点击"调节"按钮　　图 10-46　设置"光感"为 19　　图 10-47　设置"亮度"为 25

步骤06 设置"对比度"为27，如图10-48所示，增强画面的对比度。

步骤07 设置"饱和度"为13，如图10-49所示，增强画面的色彩，使照片更偏暖黄色。

**步骤08** 设置"自然饱和度"为27，如图10-50所示，再次增强照片的色彩。然后点击右侧的✓按钮，完成AI照片的调整。

图 10-48　设置"对比度"　　　图 10-49　设置"饱和度"为 13　　　图 10-50　设置"自然饱和度"
　　　　　　为 27　　　　　　　　　　　　　　　　　　　　　　　　　　　　　　　　为 27

## 10.2.3　对 AI 照片进行锐化处理加强质感

锐化处理可以增强AI照片中的细节和边缘，使照片看起来更加清晰和逼真，有助于突出照片的主题和细节，使照片更具有吸引力，原照片与经过锐化处理后的照片效果对比如图10-51所示。

扫码看教学视频

图 10-51　原照片与经过锐化处理后的照片效果对比

下面介绍对AI照片进行锐化处理加强质感的操作方法。

步骤 01 进入"创作"界面，点击一张需要调整的AI照片，进入相应界面，点击"编辑更多"按钮，进入相应界面，点击"调节"按钮，如图10-52所示。

步骤 02 弹出"调节"面板，设置"光感"为20，如图10-53所示，将画面稍微调亮一点。

图 10-52　点击"调节"按钮

图 10-53　设置"光感"为 20

步骤 03 设置"对比度"为50，如图10-54所示，增强画面的对比度。

步骤 04 设置"锐化"为73，如图10-55所示，使小猫的皮毛和细节更加突出。

图 10-54　设置"对比度"为 50

图 10-55　设置"锐化"为 73

步骤 05 设置"结构"为47，如图10-56所示，使小猫看起来更加清晰和立体。

步骤 06 点击右侧的☑按钮，然后点击"导出"按钮，如图10-57所示，即可完成操作。

图 10-56　设置"结构"为47

图 10-57　点击"导出"按钮

## 10.2.4　调整 AI 照片的色温与色调

通过调整AI照片的色温和色调，可以营造出不同的氛围和情感，如将照片调整为温暖的色调可以营造出温馨舒适的感觉，而将照片调整为冷色调则可以营造出凉爽的氛围，原照片和调整后的照片效果对比如图10-58所示。

扫码看教学视频

图 10-58　原照片和调整后的照片效果对比

下面介绍调整AI照片的色温与色调的操作方法。

**步骤01** 进入"创作"界面，点击一张需要调整的AI照片，进入相应界面，点击"编辑更多"按钮，进入相应界面，点击"调节"按钮，如图10-59所示。

**步骤02** 弹出"调节"面板，设置"色温"为100，如图10-60所示，提高画面色温，使照片给人一种温暖的夕阳场景。

图 10-59　点击"调节"按钮

图 10-60　设置"色温"为 100

**步骤03** 设置"色调"为16，如图10-61所示，将画面调为暖黄色调。

**步骤04** 设置完成后，点击右侧的✓按钮，然后点击"导出"按钮，如图10-62所示，即可完成操作。

图 10-61　设置"色调"为 16　　图 10-62　点击"导出"按钮

## 10.2.5　制作 AI 照片的高级磨砂质感效果

扫码看教学视频

高级磨砂质感效果是一种具有光滑、柔和、细腻的外观和触感的照片处理效果，可以使照片看起来仿佛覆盖了一层细腻的磨砂材质，给人一种柔和、温暖的感觉，这种效果通常用来美化照片或设计作品，增加其视觉吸引力和质感，原照片和调整后的照片效果对比如图10-63所示。

图 10-63　原照片和调整后的照片效果对比

下面介绍制作AI照片高级磨砂质感效果的操作方法。

**步骤 01** 进入"创作"界面，点击一张需要调整的AI照片，进入相应界面，点击"编辑更多"按钮，进入相应界面，点击"调节"按钮，如图10-64所示。

**步骤 02** 弹出"调节"面板，设置"纹理"为100，如图10-65所示，增强照片中的纹理细节，使其具有磨砂质感。

图 10-64　点击"调节"按钮

图 10-65　设置"纹理"为 100

**步骤 03** 设置"颗粒"为30，如图10-66所示，增强照片中的颗粒效果，使其更加明显和粗糙，更具有纹理和层次感。

**步骤 04** 设置"对比度"为27，如图10-67所示，提升画面的视觉效果，点击右侧的✓按钮，即可完成操作。

图 10-66　设置"颗粒"为 30

图 10-67　设置"对比度"为 27

## 10.2.6　为 AI 照片添加高级感的滤镜效果

扫码看教学视频

　　滤镜效果可以为AI照片增添一份艺术性和独特性，使其更具吸引力和观赏性，这些高级感的滤镜效果通常模拟了传统艺术媒介（如油画、水彩画等）的效果，或者模拟了特殊的摄影技术，从而赋予了AI照片新的视觉体验，原照片与调整后的照片效果对比如图10-68所示。

图 10-68　原照片与调整后的照片效果对比

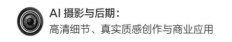
下面介绍为AI照片添加高级感的滤镜效果的操作方法。

**步骤01** 进入"创作"界面，点击一张需要调整的AI照片，进入相应界面，点击"编辑更多"按钮，进入相应界面，点击"滤镜"按钮，如图10-69所示。

**步骤02** 弹出相应面板，其中显示了多种滤镜效果，在"热门"选项卡中选择"冷白皮"选项，如图10-70所示，对人物的肤色进行调整，使其呈现出较为冷静或苍白的感觉。

图 10-69　点击"滤镜"按钮

图 10-70　选择"冷白皮"选项

☆ 专家提醒 ☆

"冷白皮"滤镜效果通常用于艺术创作或特定风格的摄影作品中，如时尚摄影、人像摄影等，以营造出一种独特的视觉效果和氛围，它可以使照片更富有表现力，增强照片的艺术性和观赏性。

**步骤03** 在"最新"选项卡中，选择"冬青"滤镜效果，如图10-71所示，可以增强照片中蓝色和绿色的色调，同时减少红色和黄色的色彩饱和度，使人物呈现出一种清爽、冷冽的感觉。

**步骤04** 滤镜添加完成后，点击右侧的✔按钮，然后点击"导出"按钮，如图10-72所示，即可完成操作。

图 10-71　选择"冬青"滤镜效果

图 10-72　点击"导出"按钮

# 本章小结

　　本章主要介绍了使用剪映App对照片进行AI处理的操作方法，首先介绍了对AI照片的局部进行精修，包括解决人物手部不自然的问题、解决动物嘴部不正常的问题、微调更改人物衣服的颜色，对AI照片进行精细度处理和扩展照片生成更多需要的内容，然后介绍了调整AI照片的色彩与色调，包括处理AI照片画面过高的问题、调整AI照片的饱和度与色彩等。通过本章的学习，读者能够更好地掌握通过相关网站平台快速生成AI摄影作品的方法。

# 课后习题

　　鉴于本章内容的重要性，为了帮助读者更好地掌握所学知识，本节将通过课后习题，帮助读者进行简单的知识回顾。

　　1. 使用剪映App中的"扩图"功能将图片扩大两倍，原照片与调整后的照片效果对比如图10-73所示。

扫码看教学视频

图 10-73　原照片与调整后的照片

2. 使用剪映App为照片添加高级的滤镜效果，原照片与调整后的照片效果对比如图10-74所示。

扫码看教学视频

图 10-74　原照片与调整后的照片

# 第11章

## 使用Photoshop对照片进行AI精修

使用AI绘图工具生成的照片通常会或多或少存在一些瑕疵，此时我们可以使用Photoshop（以下简称"PS"）对其进行优化处理，包括修图和调色等，从而使AI摄影作品变得更加完美。本章介绍的PS技巧也适用于普通照片的后期处理，希望大家能够熟练掌握。

# 11.1 常用的 AI 智能化修图工具

在PS中通过巧妙的修图技术，我们可以创造出令人惊叹的视觉效果，同时还能提升作品的质量、吸引力和精美度。本节主要介绍常用的AI智能化修图工具。

## 11.1.1 AI 智能抠出主体对象

使用PS的"主体"命令，可以快速识别出图片中的主体对象，从而完成抠图操作，原图与使用AI智能处理后的图片效果对比如图11-1所示。

扫码看教学视频

图 11-1 原图与使用 AI 智能处理后的图片效果对比

下面介绍AI智能抠出主体对象的操作方法。

步骤 01 单击"文件"|"打开"命令，打开一幅素材图像，在菜单栏中单击"选择"|"主体"命令，如图11-2所示。

步骤 02 执行上述操作后，即可自动选中图像中的主体部分，如图11-3所示。

图 11-2 单击"选择"｜"主体"命令　　　　图 11-3 自动选中图像中的主体部分

☆ 专家提醒 ☆

PS 的 "主体" 命令采用了先进的机器学习技术，经过学习训练后能够识别图像上的多种对象，包括人物、动物、车辆、玩具等。

**步骤 03** 按【Ctrl+J】组合键拷贝一个新图层，单击 "文件" | "打开" 命令，打开一幅素材图像，如图11-4所示。

**步骤 04** 将上一步骤中拷贝的新图层，复制并粘贴到新打开的素材图像上，然后调整主体图像的大小和位置，如图11-5所示。

图 11-4　打开一幅素材图像

图 11-5　调整主体图像的大小和位置

## 11.1.2　将照片背景换成日落

在风景照片的后期处理中，合理的天空效果可以极大地提升图像的美感和品质，而PS的 "天空替换" 命令提供了简单直接的方式来实现这一效果。"天空替换" 对话框中内置了多种高质量的天空图像模板，可以将素材图像中的天空自动替换为更迷人的天空，同时保留图像的自然景深，原图与处理后的图片效果对比如图11-6所示。

扫码看教学视频

图 11-6　原图与处理后的图片效果对比

下面介绍使用"天空替换"命令将照片背景换成日落的操作方法。

**步骤 01** 打开一幅素材图像,单击"编辑"|"天空替换"命令,弹出"天空替换"对话框,单击"天空"右侧的按钮∨,如图11-7所示。

**步骤 02** 在弹出的列表框中选择相应的天空图像模板,如图11-8所示,单击"确定"按钮,即可合成新的天空图像。

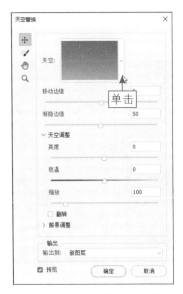

图 11-7 单击"天空"右侧的按钮

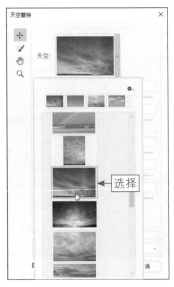

图 11-8 选择相应的天空图像模板

### 11.1.3 去除画面中多余的背景元素

在后期处理照片时,有时候会遇到一些影响构图的干扰元素,如电线杆、树叶、小动物等,如果一个一个细致地擦除这些元素既费时又容易留下痕迹。使用PS中的移除工具 ✄ ,可以一键智能去除这些干扰元素,大幅提高工作效率,原图与处理后的图片效果对比如图11-9所示。

图 11-9 原图与处理后的图片效果对比

下面介绍去除画面中多余的背景元素的操作方法。

步骤 01 打开一幅素材图像，选取工具箱中的移除工具 🖌️，在工具属性栏中设置"大小"为250，如图11-10所示。

步骤 02 移动鼠标至背景树枝上，按住鼠标左键并拖曳，对图像进行涂抹，如图11-11所示，鼠标涂抹过的区域呈淡红色显示。释放鼠标左键，即可去除多余的背景元素。

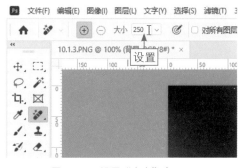
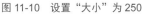

图 11-10　设置"大小"为 250

图 11-11　对图像进行涂抹

## 11.1.4　对人像照片进行智能化修图

借助Neural Filters滤镜的"妆容迁移"功能，可以将人物眼部和嘴部的妆容风格应用到其他人物图像中，原图与处理后的图片效果对比如图11-12所示。

扫码看教学视频

图 11-12　原图与处理后的图片效果对比

下面介绍对人像照片进行智能化修图的操作方法。

步骤 01 打开一幅素材图像，单击"滤镜"|Neural Filters命令，展开Neural Filters面板，在左侧的"所有筛选器"列表框中开启"妆容迁移"功能，如图11-13所示。

步骤 02 在右侧的"参考图像"选项区中,在"选择图像"列表框中选择"从计算机中选择图像"选项,如图11-14所示。

图 11-13　开启"妆容迁移"功能　　　　图 11-14　选择"从计算机中选择图像"选项

步骤 03 弹出"打开"对话框,选择相应的图像素材,如图11-15所示。

步骤 04 单击"使用此图像"按钮,即可上传参考图像,如图11-16所示,将参考图像中的人物妆容应用到素材图像中,单击"确定"按钮,即可改变人物的妆容。

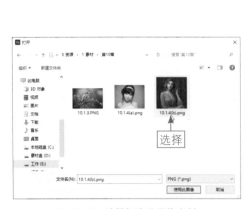

图 11-15　选择相应的图像素材　　　　图 11-16　上传参考图像

☆ 专家提醒 ☆

Neural Filters（神经网络滤镜）是 PS 重点推出的 AI 修图技术，功能非常强大，它集合了智能肖像、皮肤平滑度、超级缩放、着色和风景混合等一系列的 AI 功能，可以帮助用户把复杂的修图工作简单化，大大提高工作效率。

# 11.2　AI 创成式填充功能的商业实战

PS是一款功能强大的图像处理软件，修图与设计是它的主要功能。随着 Adobe Photoshop 2024版的推出，PS集成了更多的AI功能，其中最强大的就是"创成式填充"功能，该功能是Firefly在PS中的实际应用，让这一代PS成为创作者和设计师不可或缺的工具。本节主要介绍AI创成式填充功能的商业实战。

## 11.2.1　去除商品图片中的文字元素

如果商品图片中有多余的文字或水印，用户可以使用"创成式填充"功能快速去除这些内容，原图与处理后的图片效果对比如图11-17所示。

扫码看教学视频

图 11-17　原图与处理后的图片效果对比

下面介绍去除商品图片中的文字元素的操作方法。

**步骤01** 打开一幅素材图像，选取工具箱中的矩形选框工具，在文字上创建一个矩形选区，单击"创成式填充"按钮，如图11-18所示。

**步骤02** 执行上述操作后，在浮动工具栏中单击"生成"按钮，如图11-19所示，即可去除选区中的文字，用此方法继续去除商品图片中的其他文字。

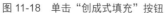

图 11-18  单击"创成式填充"按钮

图 11-19  单击"生成"按钮

## 11.2.2  去除服装模特中多余的路人

我们在拍摄街景模特类的广告图片素材时，难免会拍到一些路人，此时可使用"创成式填充"功能一键去除路人，原图与处理后的图片效果对比如图11-20所示。

扫码看教学视频

图 11-20  原图与处理后的图片效果对比

下面介绍去除服装模特中多余的人物的操作方法。

**步骤01** 打开一幅素材图像，选取工具箱中的矩形选框工具▢，沿着相应人物的边缘创建一个选区，在浮动工具栏中单击"创成式填充"按钮，如图11-21所示。

**步骤02** 执行上述操作后，在浮动工具栏中单击"生成"按钮，如图11-22所示，即可去除选区中的人物。

图 11-21　单击"创成式填充"按钮

图 11-22　单击"生成"按钮

☆ 专家提醒 ☆

在 Photoshop 2024 中，按【M】键，可以选取矩形选框工具；按【Shift】键，可以创建正方形选区；按【Alt】键，可以创建以起点为中心的矩形选区；按【Alt+Shift】组合键，可以创建以起点为中心的正方形。

## 11.2.3　为电商广告添加产品元素

扫码看教学视频

我们在制作电商广告图片时，可以使用"创成式填充"功能在画面中快速添加一些广告元素或产品对象，使广告效果更具吸引力，原图与处理后的图片效果对比如图11-23所示。

图 11-23　原图与处理后的图片效果对比

下面介绍为电商广告添加产品元素的操作方法。

**步骤 01** 打开一幅素材图像，选取工具箱中的套索工具 ◯，在下方创建一个不规则选区，单击"创成式填充"按钮，如图11-24所示。

**步骤 02** 在左侧的输入框中输入提示词"一盘美味的美食"，单击"生成"按钮，即可为电商广告添加产品元素，效果如图11-25所示。

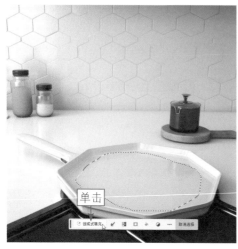
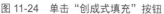

图 11-24　单击"创成式填充"按钮

图 11-25　为电商广告添加产品元素

## 11.2.4　将白色衣服换成黄色衣服

扫码看教学视频

使用PS中的"创成式填充"功能给人物换装非常轻松，而且换装效果很自然，原图与处理后的图片效果对比如图11-26所示。

图 11-26　原图与处理后的图片效果对比

下面介绍将白色衣服换成黄色衣服的操作方法。

**步骤 01** 打开一幅素材图像，使用套索工具 ♀在人物服装区域创建一个不规则选区，如图11-27所示。

**步骤 02** 在工具栏中单击"创成式填充"按钮，输入提示词"一件黄色的衣服"，单击"生成"按钮，如图11-28所示，即可更换人物的服装。

图 11-27　创建一个不规则选区

图 11-28　单击"生成"按钮

# 11.3　使用 AI 智能预设一键调色

调色对许多用户来说一直是比较头疼的问题，用户要手动调整曝光度、色温、曲线等参数，不仅费时费力，还往往难以达到理想的色彩效果。其实，PS内置了许多好用且一键式的AI智能预设功能，可以极大地降低调色的难度，让图像的色彩效果立即提升一个档次。本节主要介绍用AI智能预设一键调色的操作方法。

## 11.3.1　调出照片的暖色调效果

在人像照片中适当增加一点暖色调，即可令色彩更为和谐、统一。"暖色"预设还可以平衡不同的光源变化，中和过冷的色温，原图与处理后的图片效果对比如图11-29所示。

扫码看教学视频

图 11-29　原图与处理后的图片效果对比

下面介绍调出照片暖色调效果的操作方法。

步骤 **01** 打开一幅素材图像，单击"窗口"|"调整"命令，展开"调整"面板，在"调整预设"中单击"更多"按钮，如图11-30所示。

步骤 **02** 展开"人像"选项区，选择"阳光"选项，如图11-31所示，即可将人像照片调为暖色调的效果。

图 11-30　单击"更多"按钮　　　　　　　图 11-31　选择"阳光"选项

☆ 专家提醒 ☆

　　无论是批量调整多张照片的色彩风格，还是想给某张照片增加某种特定的氛围，利用 PS 中的 AI 智能预设功能都能轻松实现。使用 AI 智能预设功能可以解放用户的双手，用户只需要一键点击，就能自动调整好所有参数，快速达到理想的色彩效果，再也不用手动逐步调参数，从此让图像调色成为一件轻松、惬意的事。

## 11.3.2　调出照片的忧郁蓝色调

扫码看教学视频

"忧郁蓝"预设调出的图像色调主要以蓝色为主，蓝色通常与冷静、沉思等情感联系在一起，使画面呈现出一种深沉、忧郁的氛围，原图与处理后的图片效果对比如图11-32所示。

图 11-32　原图与处理后的图片效果对比

下面介绍调出照片的忧郁蓝色调的操作方法。

步骤01 打开一幅素材图像，在"调整"面板中，展开"人像"选项区，选择"忧郁蓝"选项，如图11-33所示。

步骤02 调出"忧郁蓝"色调效果，用同样的操作方法为图片再次添加"忧郁蓝"色调效果，"图层"面板中可以看到两个"人像 - 忧郁蓝"图层组，如图 11-34 所示。

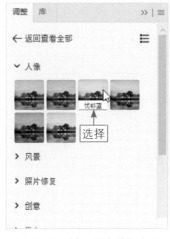

图 11-33　选择"忧郁蓝"选项　　　　图 11-34　两个"人像 - 忧郁蓝"图层组

## 11.3.3　为照片增加深邃的氛围

扫码看教学视频

"暗色渐隐"预设可以调出深邃的色调氛围，通过让亮部和暗部的颜色渐进融合，呈现出一种从明亮到黑暗的平稳过渡，原图与处理后的图片效果对比如图11-35所示。

图 11-35　原图与处理后的图片效果对比

下面介绍为照片增加深邃的氛围的操作方法。

步骤 01 打开一幅素材图像，在"调整"面板中展开"创意"选项区，选择"暗色渐隐"选项，如图11-36所示，降低画面的亮度与饱和度，并增强画面的对比度。

步骤 02 在"图层"面板中，可以查看新增的调整图层，如图11-37所示。新增的图层为画面烘托出一种神秘、深不可测的深邃氛围。

图 11-36　选择"暗色渐隐"选项

图 11-37　查看新增的调整图层

☆ 专家提醒 ☆

通过"暗色渐隐"降低图像的明亮度和对比度，可以营造出更加柔和的氛围，使图像更具有艺术感，实现更好的构图效果。

## 11.3.4 提升黑白照片的层次感

"浑厚"预设可以保留更多的阴影细节，同时增强中灰和高光的对比，从而让黑白图像呈现出更丰富的层次变化，原图与处理后的图片效果对比如图11-38所示。

扫码看教学视频

图 11-38 原图与处理后的图片效果对比

下面介绍提升黑白照片的层次感的操作方法。

步骤 01 打开一幅素材图像，在"调整"面板中展开"黑白"选项区，选择"浑厚"选项，如图11-39所示，将照片转换为黑白色调，并提升画面的对比度。

步骤 02 在"图层"面板中，可以查看新增的调整图层，如图11-40所示。

图 11-39 选择"浑厚"选项　　　　　图 11-40 查看新增的调整图层

☆ 专家提醒 ☆

在图像照片中应用"浑厚"预设色调，可以使整个图像的黑白色彩之间的过渡更加和谐、自然，同时画面层次感更强。

# 本章小结

本章主要介绍了使用PS对照片进行AI精修的操作方法，首先介绍了常用的AI智能化修图工具，主要包括AI智能抠出主体对象、将照片背景换成日落、去除画面中多余的背景元素及对人像照片进行智能化修图；然后介绍了AI创成式填充功能的商业实战；最后讲解了使用AI智能预设一键调色的操作方法。通过本章的学习，读者可以熟练掌握图像的一键修图与调色技巧，轻松修出满意的AI作品。

# 课后习题

鉴于本章内容的重要性，为了帮助读者更好地掌握所学知识，本节将通过课后习题，帮助读者进行简单的知识回顾。

1. 使用PS中的移除工具快速去除图像中多余的元素，效果如图11-41所示。

图 11-41 去除图像中多余的元素

扫码看教学视频

2. 使用PS中的AI智能预设功能对照片进行一键调色，效果如图11-42所示。

扫码看教学视频

图 11-42 对照片进行一键调色

# 【商业应用篇】

## 第12章　使用Midjourney进行商业设计

　　Midjourney通过AI算法生成相对应的图片，用户可以使用各种指令和提示词来改变AI绘图的效果，生成更优秀的AI商业作品。本章通过3个案例详细介绍了使用Midjourney进行商业设计的方法，包括企业Logo设计、包装盒样式设计和珠宝首饰设计。

# 12.1　企业 Logo 设计

　　企业Logo设计是企业品牌形象的核心组成部分之一，它是企业形象的视觉代表，能够传达企业的理念、文化和价值观。一个成功的Logo能够在众多竞争对手中脱颖而出，并且易于识别，一个独特而具有识别度的Logo能够帮助企业在市场上建立起强大的品牌形象。

　　运用Midjourney进行企业Logo的设计，可以分为3个步骤，即初步生成企业Logo图片、确定企业Logo的风格、提高企业Logo的图片质量。本节主要介绍使用Midjourney进行企业Logo设计的方法，本案例的最终效果如图12-1所示。

图 12-1　最终效果

## 12.1.1　初步生成企业 Logo 图片

　　我们可以借助Midjourney的/imagine指令，来初步生成企业Logo图片效果，具体操作步骤如下。

扫码看教学视频

214

步骤01 在Midjourney下面的输入框内输入/（正斜杠符号），在弹出的列表框中选择imagine指令，在imagine指令下方的prompt输入框中输入相应提示词，如图12-2所示。

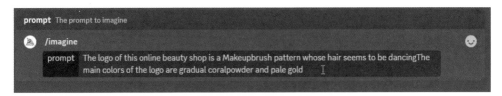

图 12-2　输入相应提示词

步骤02 按【Enter】键确认，即可看到Midjourney Bot已经开始工作了，并显示企业Logo图片的生成进度，稍等片刻，Midjourney将生成4张对应的企业Logo图片，如图12-3所示。

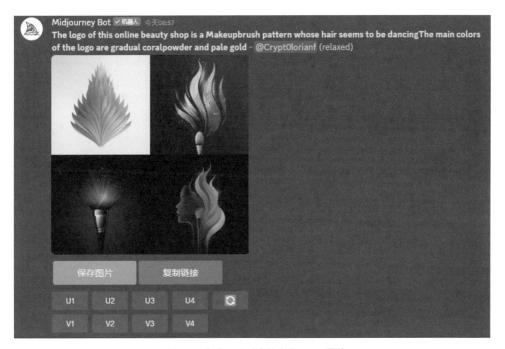

图 12-3　生成 4 张对应的企业 Logo 图片

步骤03 如果用户对某张企业Logo图片比较满意，可以单击对应的U按钮，查看图片的效果。例如，单击"U2"按钮，可以放大第2张企业Logo图片，如图12-4所示。

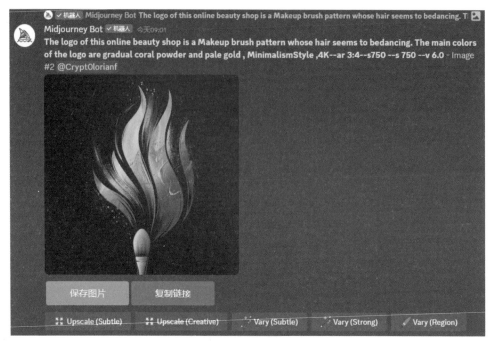

图 12-4　放大第 2 张企业 Logo 图片

## 12.1.2　确定企业 Logo 的风格

扫码看教学视频

如果用户对Midjourney初步生成的企业Logo图片不满意，此时可以对提示词进行相应修改，加入一些企业Logo风格的提示词，确定Logo的风格样式，具体操作步骤如下。

**步骤01** 在上一小节使用的提示词的后面，添加Logo风格的对应提示词，如图12-5所示，如"Minimalism Style"（大意为：极简主义风格）。

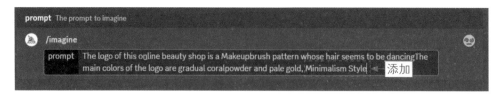

图 12-5　添加 Logo 风格的对应提示词

**步骤02** 执行操作后，按【Enter】键确认，即可为Logo图片添加画面风格，如图12-6所示，使画面的视觉效果更加突出。

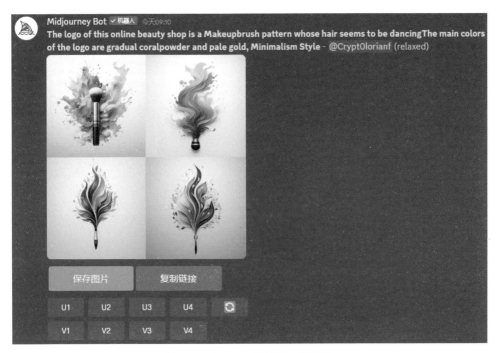

图 12-6　为 Logo 图片添加画面风格

## 12.1.3　提高企业 Logo 的图片质量

Midjourney具有强大的AI绘图功能，用户可以通过各种指令和提示词来改变AI绘图的效果，通过在提示词中添加相关的参数，可以使Midjourney生成出令人满意的企业Logo图片效果，具体操作步骤如下。

扫码看教学视频

步骤 01 在/imagine指令的后面，粘贴上一小节的提示词，并添加参数的对应提示词，如图12-7所示，如添加"4K --ar 3:4"，表示生成4K的高清图片，尺寸设置为3：4。

图 12-7　添加参数的对应提示词

步骤 02 执行上述操作后，按【Enter】键确认，即可设置企业Logo图片的质量与尺寸，生成的图片效果如图12-8所示。

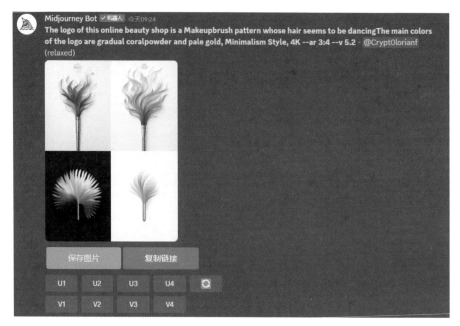

图 12-8　生成的图片效果

☆ 专家提醒 ☆

通常情况下，使用 Midjourney 生成的图片尺寸默认为 1∶1 的方图，其实用户可以使用 --ar 指令来修改生成的图片尺寸。

# 12.2　包装样式设计

Midjourney 在包装领域的应用有助于加速设计过程，提高设计的创新性和效率，并满足市场需求。它能够生成多种不同类型的包装，提供吸引人的包装设计。商品包装的常见类别有4种，即瓶型、罐型、袋型和盒型。在设计商品包装时，我们需要根据商品的种类来选择合适的包装。

例如，像零食这类固体型商品，通常会选择袋型包装；像饮料这类液体型商品，则会选择罐型（或瓶型）包装；而高档礼品或者容易变形的食物，以及不能受到压迫的商品，就会选择盒型包装。本案例主要介绍盒型包装样式的设计方法，最终效果如图12-9所示。

图 12-9　最终效果

☆ 专家提醒 ☆

Midjourney 通过学习大量的设计数据和艺术风格，可以帮助设计师快速生成各种创意的包装盒效果，还可以根据客户的需求进行个性化定制，为设计师提供了灵感和参考。与传统手工绘画相比，Midjourney 绘画工具可以大大提高设计过程的效率，它可以自动完成绘画任务，并且可以在短时间内生成多个设计方案，从而节省时间和成本。

## 12.2.1　生成礼盒型的包装样式

扫码看教学视频

在Midjourney中通过imagine指令输入合适的提示词，如"Exquisite gift box, clear lines, fairy tales, flat printing, simple"（大意：精美礼盒，线条清晰，童话故事，平面印刷，简单），即可生成相应的包装盒效果图，具体操作步骤如下。

步骤 01 在Midjourney下面的输入框内输入/（正斜杠符号），在弹出的列表框中选择imagine指令，在imagine指令下方的prompt输入框中输入相应提示词，如图12-10所示。

图 12-10　输入相应提示词

**步骤02** 按【Enter】键确认，即可看到Midjourney Bot已经开始工作了，并显示精美礼盒图片的生成进度，稍等片刻，Midjourney将生成4张对应的精美礼盒图片，如图12-11所示。

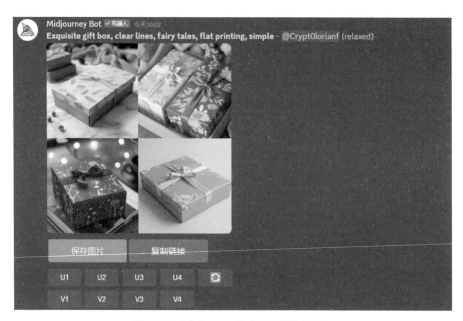

图 12-11　Midjourney 生成的精美礼盒图片

**步骤03** 单击"U3"按钮，可以放大第3张精美礼盒图片，如图12-12所示。

图 12-12　放大第 3 张精美礼盒图片

扫码看教学视频

## 12.2.2　设置糖果色的包装样式

糖果色调是一种鲜艳、明亮的色调，常用于营造轻松、欢快和甜美的氛围感。糖果色调主要是通过增加画面的饱和度与亮度，同时减少曝光度来达到柔和的画面效果，会给人一种甜美可爱的感觉。下面介绍设置糖果色包装样式的方法，具体操作步骤如下。

**步骤 01** 在上一例提示词的基础上，添加 "candy tone"（糖果色调）提示词，如图12-13所示。

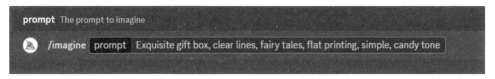

图 12-13　添加 "candy tone"（糖果色调）提示词

**步骤 02** 按【Enter】键确认，即可依照提示词设置包装的颜色，如图12-14所示。

图 12-14　依照提示词设置包装的颜色

**步骤 03** 单击对应的U按钮，查看大图效果，如图12-15所示。

图 12-15　查看大图效果

## 12.2.3　设置高质量的包装效果

扫码看教学视频

在Midjourney绘画的提示词中添加全画幅相机的相关指令，例如
Nikon D850，表示使用尼康D850相机拍摄，这样可以生成高质量的包
装效果，具体操作步骤如下。

**步骤01** 在上一例提示词的基础上，添加"Nikon D850"，按【Enter】键确
认，即可依照提示词生成高质量的包装盒效果，如图12-16所示。

图 12-16　生成高质量的包装盒效果

步骤 02　单击"U3"按钮，可以放大第3张包装盒图片，效果如图12-17所示。

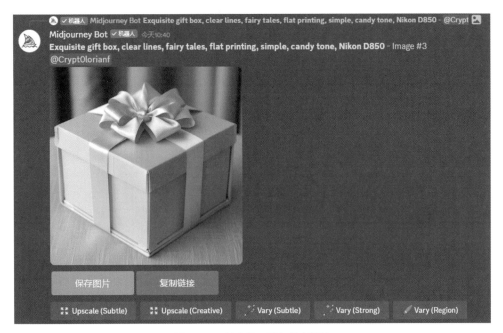

图 12-17　放大第 3 张包装盒图片

# 12.3　珠宝首饰设计

　　利用Midjourney设计珠宝首饰，可以提供丰富多样的设计元素，并生成高质量的视觉展示，帮助设计师更好地与客户沟通，客户可以通过这些设计图更清晰地理解设计师的想法，并提供反馈，从而更好地实现客户需求，这不仅提高了设计效率和准确度，还降低了设计成本。相比传统的手绘设计，Midjourney不需要额外的绘画材料和设备，设计师只需一台电脑即可进行设计工作，从而节省了成本。本案例的最终效果如图12-18所示。

☆ 专家提醒 ☆

　　Midjourney 可以生成精美细致的设计图像，且细节处理得非常到位，设计出来的珠宝首饰图案可以展现出精湛的工艺和精致的细节，吸引人的眼球。设计师可以轻松尝试不同的风格和主题，从传统到现代，从简约到华丽，都可以在设计中展现出来，满足不同客户的需求。这种快速迭代的设计流程可以加快产品上市的速度，为珠宝行业带来了更多的可能性和机会。

图 12-18　最终效果

## 12.3.1　生成珠宝首饰初步效果

在Midjourney中通过imagine指令输入合适的提示词，如"An open green jewelry box containing an emerald necklace with white diamonds, placed on a table, with a golden background and flowers scattered around it"（大意：一个打开的绿色珠宝盒里摆放着一条镶有白钻石的祖母绿项链，放在桌子上，背景是金色的，周围散落着花朵），即可生成相应的珠宝首饰初步效果图，具体的操作方法如下。

扫码看教学视频

步骤 **01** 在Midjourney下面的输入框内输入/（正斜杠符号），在弹出的列表框中选择imagine指令，在imagine指令下方的prompt输入框中输入相应提示词，如图12-19所示。

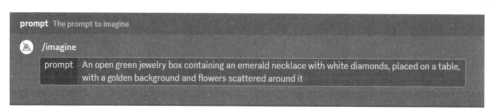

图 12-19　输入相应提示词

步骤02 按【Enter】键确认，即可看到Midjourney Bot已经开始工作了，并显示珠宝首饰图片的生成进度，稍等片刻，Midjourney将生成4张对应的珠宝首饰图片，如图12-20所示。

图 12-20　生成 4 张对应的珠宝首饰图片

## 12.3.2　添加摄影风格与灯光效果

扫码看教学视频

添加摄影风格和灯光效果的描述，可以让Midjourney生成的产品图片更显专业、精致，从而增强视觉效果，具体操作步骤如下。

步骤01 在上一例提示词的基础上，添加相应的提示词（见图12-21），如"The product photography style highlights exquisite details, utilizing professional lighting, and presented in the style of a professional photographer"（大意：产品摄影风格突出精致的细节，采用了专业的灯光，以专业摄影师的风格呈现）。

步骤02 按【Enter】键确认，即可依照提示词生成具有产品摄影风格的珠宝首饰图片，如图12-22所示，单击图片对应的U按钮，可以查看大图效果。

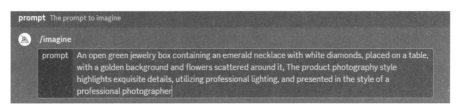

图 12-21　添加相应的提示词

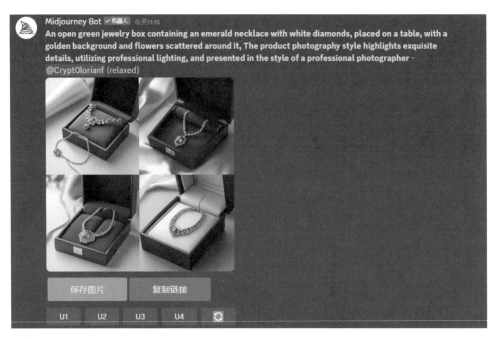

图 12-22　生成具有产品摄影风格的珠宝首饰图片

### 12.3.3　设置镜头类型与画面焦点

通过在提示词中指定镜头类型和画面焦点，可以让生成的产品图片更贴近实际的拍摄场景，让Midjourney生成的图片更具真实感，具体操作步骤如下。

扫码看教学视频

步骤01　在上一例提示词的基础上，添加相应的提示词（如图12-23），如"Macro lens, clear focus"（微距镜头，清晰的焦点）。

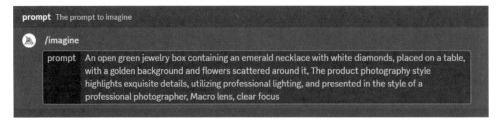

图 12-23　添加相应的提示词

步骤02　按【Enter】键确认，即可依照提示词生成具有专业镜头和对焦清晰的珠宝首饰图片，如图12-24所示。单击图片对应的U按钮，可以查看大图效果。

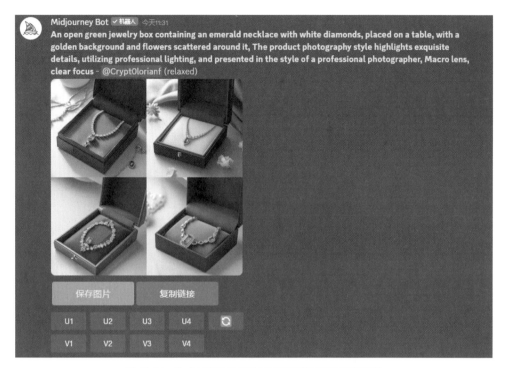

图 12-24　生成具有专业镜头和对焦清晰的珠宝首饰图片

# 本章小结

　　本章主要介绍了如何利用Midjourney进行商业设计，涵盖了企业Logo设计、包装样式设计和珠宝首饰设计3个关键领域。Midjourney作为商业设计工具，通过提供丰富的功能和资源，可以帮助用户在各行各业中开展设计工作，从而实现品牌形象的塑造、产品包装的提升和设计效率的提高。学习完本章，读者将能够掌握Midjourney在商业设计中的有效应用，快速创作出满意的AI商业作品。

# 第13章

# 使用Stable Diffusion进行商业设计

    本章将通过3个典型的Stable Diffusion AI绘画实战案例,帮助大家更好地掌握这种先进的AI技术,成为AI商业设计高手。这些案例涵盖了不同的行业和应用领域,通过这些案例,大家可以了解Stable Diffusion的基本原理和操作方法,并掌握各种AI商业作品的生成技巧和操作要点。

# 13.1 产品包装设计

在当今竞争激烈的市场环境中，独特而引人注目的产品包装设计，对于提高产品的吸引力和竞争力至关重要。Stable Diffusion作为一种先进的AI绘画技术，为产品包装设计提供了无限的可能性，可以帮助设计师在短时间内创作出独具特色的电商产品效果图。

本节将深入探讨如何运用Stable Diffusion来制作令人印象深刻的化妆品包装效果，以实现更具吸引力的品牌宣传效果。使用Stable Diffusion的AI绘画技术，化妆品包装设计不再局限于传统的设计方式，而是可以突破传统的界限，勇敢尝试全新的设计元素，令人仿佛能够触摸到其中的质感和颜色。本案例的最终效果如图13-1所示。

图 13-1 最终效果

## 13.1.1 使用网页版 Stable Diffusion

扫码看教学视频

Stable Diffusion作为一种强大的文本到图像生成模型，其独特的魅力在于能够将文本描述转化为生动逼真的图像效果，为创作者带来了无限可能。网页版Stable Diffusion绘图平台的出现，更是为广大用户提供了一个便捷、高效的创作工具。无须烦琐的安装和配置，只需轻轻一点，即可进入这个充满创意的AI绘画世界。

以LiblibAI的AI绘画模型网站为例，下面介绍使用网页版Stable Diffusion生成化妆品包装效果的操作方法。

**步骤01** 进入LiblibAI主页，单击左侧的"在线生成"按钮，如图13-2所示。

图 13-2　单击左侧的"在线生成"按钮

**步骤02** 执行上述操作后，进入LiblibAI的"文生图"页面，在CHECKPOINT（大模型）列表框中选择一个写实风格的大模型，如图13-3所示。

图 13-3　选择一个写实风格的大模型

**步骤03** 在"提示词"和"负向提示词（又称为反向提示词或反向词）"文本框中输入相应的文本描述（即提示词），如图13-4所示。通过输入精心设计的提示词，可以引导AI模型理解你的意图，并生成符合你期望的图像。

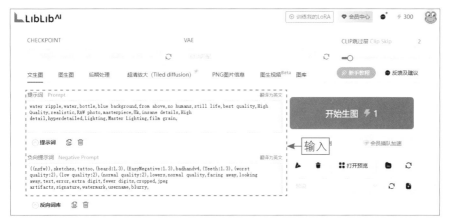

图 13-4  输入相应的文本描述

**步骤04** 在页面下方设置"采样方法"为DPM++ 2M Karras、"迭代步数"为30、"宽度"为512、"高度"为768，让AI模型产生更精细、分辨率更高的图像，单击"开始生图"按钮，即可生成相应的图像，如图13-5所示。

图 13-5  生成相应的图像

## 13.1.2  添加化妆品包装的 Lora 模型

Lora的全称为Low-Rank Adaptation of Large Language Models，"Lora"取的就是"Low-Rank Adaptation"这几个单词的开头，学名叫"大型语言模型的低阶适应"。

扫码看教学视频

231

Lora通过冻结原始大模型，并在外部创建一个小型插件来进行微调，从而避免了直接修改原始大模型，这种方法不仅成本低而且效率高，同时插件式的特点使得它易于使用。后来人们发现，Lora在绘画大模型上表现非常出色，固定画风或人物的能力非常强大。因此，Lora的应用范围逐渐扩大，并迅速成为一种流行的AI绘画技术。接下来添加一个专用的Lora模型，主要用于增强化妆品的包装效果，具体操作方法如下。

**步骤01** 单击"打开预览"按钮，切换至Lora选项卡，选择相应的Lora模型，如图13-6所示，该Lora模型专用于化妆品的场景图设计。

图 13-6　选择相应的 Lora 模型

**步骤02** 展开"高分辨率修复"选项区，设置"放大算法"参数，如将其设置为R-ESRGAN_4x+，用于放大AI生成的图像，如图13-7所示。

**步骤03** 单击"开始生图"按钮，生成相应的图像效果，如图13-8所示，可以将图像放大两倍输出，同时画面中的水元素会更加突出。

图 13-7　设置"放大算法"参数

图 13-8　生成相应的图像效果

## 13.1.3 使用 Depth 控制画面的光影

扫码看教学视频

最后使用ControlNet插件中的Depth控制类型，有效地控制画面的光影，进而提升图像的视觉效果，具体操作方法如下。

**步骤01** 展开ControlNet选项区，上传一张原图，分别选中"启用"复选框、"完美像素"复选框、"允许预览"复选框，如图13-9所示，自动匹配合适的预处理器分辨率并预览预处理结果。

**步骤02** 在ControlNet选项区下方，选中"Depth（深度图）"单选按钮，并分别选择depth_zoe（ZoE深度图估算）预处理器和相应的模型，如图13-10所示，该模型能够精确估算图像中每个像素的深度信息。

图 13-9 分别选中相应的复选框

图 13-10 选择相应的预处理器和模型

**步骤03** 单击Run preprocessor（运行预处理器）按钮 ✿，即可生成深度图，如图13-11所示，比较完美地还原了场景中的景深关系。

**步骤04** 单击"开始生图"按钮，即可生成相应的图像，可以通过Depth来控制画面中物体投射阴影的方式、光的方向及景深关系，效果见图13-11。

图 13-11 生成深度图

# 13.2　服装样式设计

　　AI服装样式设计不仅是对传统设计方法的革新，还是对未来时尚趋势的预见与引领。借助先进的AI算法和模型，设计师能够迅速捕捉时尚元素，生成多样化的设计方案，从而满足日益多样化的市场需求。本节主要使用Stable Diffusion网页版来设计星空礼服效果，创造出令人惊艳的服饰效果。本案例最终效果如图13-12所示。

图 13-12　最终效果

## 13.2.1　使用正向提示词绘制画面内容

　　Stable Diffusion中的正向提示词是指那些能够引导AI模型生成符合用户需求的图像结果的提示词，这些提示词可以描述所需的全部图像信息。下面介绍使用正向提示词绘制礼服效果的操作方法。

　　**步骤 01** 进入"文生图"页面，选择一个写实风格的大模型，输入相应的正向提示词，如图13-13所示，用于描述画面的主体内容。

图 13-13　输入相应的正向提示词

☆ 专家提醒 ☆

正向提示词可以是各种内容，目的是提高图像质量，如"masterpiece"（杰作）、
"best quality"（最佳质量）等。这些提示词可以根据用户的需求和目标来定制，以
帮助 AI 模型生成更高质量的图像。

步骤 02　在页面下方设置"采样方法"为DPM++ 2M Karras、"迭代步数"
为33、"宽度"为512、"高度"为768，选中"面部修复"复选框，提高生
成图像的质量和分辨率，单击"开始生图"按钮，即可生成相应的图像，如
图13-14所示。

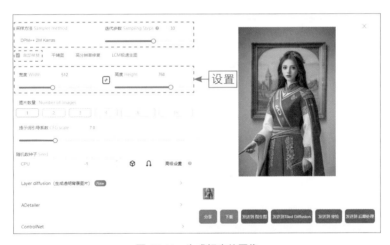

图 13-14　生成相应的图像

## 13.2.2　使用反向提示词优化出图效果

从上一例的效果图中可以看到，即使开启了"面部修复"功能并
使用了较高的迭代步数值，效果图中仍然有不少瑕疵，如人物的脸部

扫码看教学视频

235

和手部都不太正常,此时我们就需要使用反向提示词来优化AI模型的出图效果,具体操作方法如下。

**步骤01** 在"文生图"页面中的"负向提示词"文本框中,输入相应的反向提示词,如图13-15所示。反向提示词的使用,可以让Stable Diffusion更加准确地满足用户的需求,避免生成不必要的内容或特征。

图13-15 输入相应的反向提示词

**步骤02** 保持其他生成参数不变,单击"开始生图"按钮,在生成与提示词描述相对应的图像的同时,画面质量会更好一些,人物细节也会更加清晰、完美,通过反向提示词优化图像效果如图13-16所示。

图13-16 通过反向提示词优化图像效果

☆ 专家提醒 ☆

Stable Diffusion 中的反向提示词是用来描述不希望在所生成图像中出现的特征或

元素的提示词。反向提示词可以帮助 AI 模型排除某些特定的内容或特征，从而使生成的图像更加符合用户的需求。

需要注意的是，反向提示词可能会对生成的图像产生一定的限制，因此用户需要根据具体需求进行调整。

## 13.2.3 添加 Lora 模型绘制礼服效果

扫码看教学视频

在使用Stable Diffusion生成礼服图像时，可以尝试结合不同的Lora模型，探索出更多独特而富有创意的设计方案，具体操作方法如下。

步骤 01 切换至Lora选项卡，选择相应的Lora模型，如图13-17所示，该Lora模型专门用于绘制星空礼服效果。

图 13-17 选择相应的 Lora 模型

步骤 02 继续添加一个改变人物风格的Lora模型，如图13-18所示，将其权重值设置为0.70，使人物形象更加生动逼真。

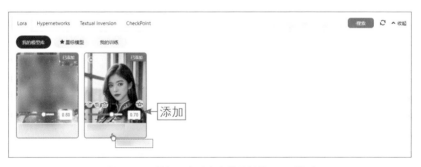

图 13-18 添加一个改变人物风格的 Lora 模型

步骤 03 展开"高分辨率修复"选项区，设置"放大算法"为R-ESRGAN_4x+、"重绘幅度"为 0.25，用于放大 AI 生成的图像，单击"开始生图"按钮，生成相应的图像。Stable Diffusion 不仅能够捕捉到星空的深邃与璀璨，将其融入礼服的设计之中，还能为人物赋予独特的风格和气质，生成相应的图像效果如图13-19所示。

图 13-19　生成相应的图像效果

# 13.3　商业人像摄影

本案例主要介绍使用Stable Diffusion生成AI商业人像摄影作品的技巧。Stable Diffusion生成的人物效果非常逼真，不仅人物的神态、动作十分自然，而且皮肤的纹理细节栩栩如生，不再是过去那种让人一眼就能看穿的"AI脸"。本案例的最终效果如图13-20所示。

图 13-20　最终效果

## 13.3.1　本地部署 Stable Diffusion

扫码看教学视频

如果用户有兴趣学习和使用Stable Diffusion，则需要检查自己的电脑配置是否符合安装条件，因为Stable Diffusion对电脑配置的要求较高。不同的Stable Diffusion分支和迭代版本可能会有不同的要求，因此需要检查每个版本的具体规格。

Stable Diffusion的基本安装条件如下。

❶ 操作系统：Windows、MacOS。

❷ 显卡：不低于6GB显存的N卡（指NVIDIA系列的显卡）。

❸ 内存：不低于16GB的DDR4或DDR5内存。DDR（Double Data Rate）是指双倍速率同步动态随机存储器。

❹ 硬盘安装空间：12GB或更多，最好是SSD（Solid State Disk或Solid State Drive，固态硬盘）。

☆ 专家提醒 ☆

要流畅运行 Stable Diffusion，推荐的电脑配置如下。

• 操作系统：Windows 10 或 Windows 11。

• 处理器：多核心的 64 位处理器，如 13 代以上的 Intel i5 系列或 Intel i7 系列，以及 AMD Ryzen 5 系列或 Ryzen 7 系列。

• 内存：32GB 或以上。

• 显卡：NVIDIA GeForce RTX 4060TI（16GB 显存版本）、RTX 4070、RTX 4070TI、RTX 4080 或 RTX 4090。

• 安装空间：大品牌的 SSD 硬盘，500GB 以上的可用空间。

• 电源：建议选择额定功率为 750W 或以上的大品牌电源。

下面以Windows 10操作系统为例，介绍Stable Diffusion的本地部署方法。

### 1. 下载Stable Diffusion程序包

首先需要从Stable Diffusion的官方网站或其他可信任的来源下载该软件的程序包，文件名通常为Stable Diffusion或sd-xxx.zip/tar.gz，xxx表示版本号等信息。下载完成后，解压Stable Diffusion的安装文件，如图13-21所示，将压缩文件解压到你想要安装的目录下。

### 2. 安装Python环境

由于Stable Diffusion是使用Python语言开发的，因此用户需要在本地安装Python环境。用户可以从Python的官方网站下载Python解释器，如图13-22所示，并按照提示进行安装。注意，Stable Diffusion要求使用Python 3.6以上的版本。

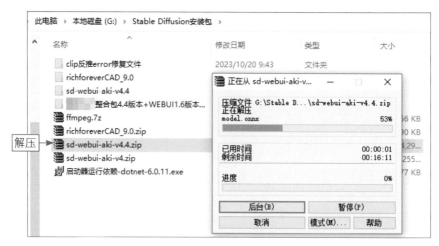

图 13-21　解压 Stable Diffusion 的安装文件

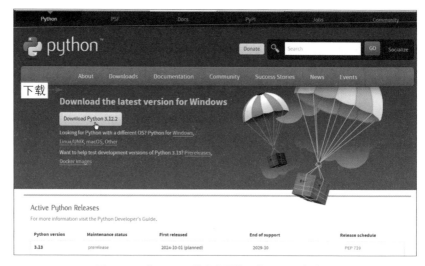

图 13-22　从 Python 的官方网站下载 Python 解释器

### 3. 安装依赖项

依赖项指的是为了使Stable Diffusion能够正常运行，需要安装和配置的其他相关的软件库或组件，这些依赖项可以是编程语言、框架、库文件或其他软件包。在安装Stable Diffusion之前，用户需要确保下列依赖项已经正确安装。

❶ PyTorch：PyTorch是一个开源的Python机器学习库，提供了易于使用的张量（tensor）和自动微分（automatic differentiation）等技术，特别适合深度学习和大规模的机器学习等项目。

❷ numpy：numpy是Python的一个数值计算扩展，提供了快速、节省内存的数组（称为ndarray），以及用于数学和科学编程的常用函数。

❸ pillow：pillow是Python的一个图像处理库，可以用来打开、操作和保存不同格式的图像文件。

❹ scipy：scipy是一个用于数学、科学、工程领域的数学计算库，可以处理插值、积分、优化、图像处理、常微分方程数值解的求解、信号处理等问题。

❺ tqdm：tqdm是一个快速、可扩展的Python进度条库，可以在长循环中添加一个进度提示，让用户知道程序的运行进度。

在安装这些依赖项之前，用户需要确保电脑中已经安装了Python，并且可以通过命令行运行Python命令。用户可以使用pip（Python的包管理器）来安装这些依赖项，具体安装命令为：pip install torch numpy pillow scipy tqdm。

当然，用户也可以使用SD整合包，一键实现Stable Diffusion的本地部署，只需运行"启动器运行依赖-dotnet-6.0.11.exe"安装程序，然后单击"安装"按钮即可，如图13-23所示。

图 13-23　单击"安装"按钮

执行上述操作后，等待出现"控制台"窗口，不必在意"控制台"窗口中的内容，保持其打开状态即可。稍等片刻，将会出现一个浏览器窗口，表示Stable Diffusion的基本软件已经安装完毕。

☆ 专家提醒 ☆

在安装 Stable Diffusion 的过程中，用户还要注意关闭其他可能影响 Stable Diffusion 安装的程序或进程。另外，Stable Diffusion 的安装目录尽可能不要放在 C 盘，同时安装位置所在的磁盘要留出足够的空间。

## 13.3.2　快速启动 Stable Diffusion

启动Stable Diffusion的方式取决于用户使用的具体软件版本和安装方式。下面以"绘世"启动器为例，介绍快速启动Stable Diffusion的操作方法。

**步骤01** 打开SD安装文件所在目录，进入sd-webui-aki-v4.4文件夹，找到并使用鼠标左键双击"A启动器.exe"图标，如图13-24所示。

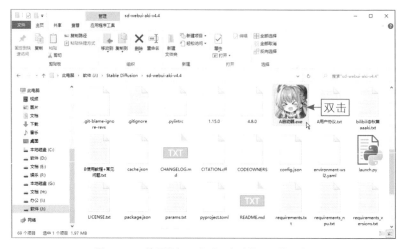

图 13-24　使用鼠标双击"A 启动器 .exe"图标

**步骤02** 执行上述操作后，即可打开"绘世"启动器程序，在主界面中单击"一键启动"按钮，如图13-25所示。

图 13-25　单击"一键启动"按钮

**步骤 03** 执行上述操作后，即可进入"控制台"界面，显示各种依赖项的加载和安装进度，如图13-26所示，让它自动运行一会儿，耐心等待命令运行完成。

图 13-26　显示各种依赖项的加载和安装进度

☆ 专家提醒 ☆

如果用户安装的是原版的 Stable Diffusion，可以按【Win+R】组合键运行 cmd 命令，或者在开始菜单的"Windows 系统"列表框中选择"命令提示符"选项，即可打开"命令提示符"窗口。在命令行中进入 Stable Diffusion 程序包的目录，使用以下命令运行程序：python run_diffusion.py --config_file=config.yaml。

**步骤 04** 稍等片刻，即可在浏览器中自动打开Stable Diffusion的WebUI页面，如图13-27所示。如果在启动过程中出现错误提示，用户也可以进入"绘世"启动器的"疑难解答"界面查看具体的问题。

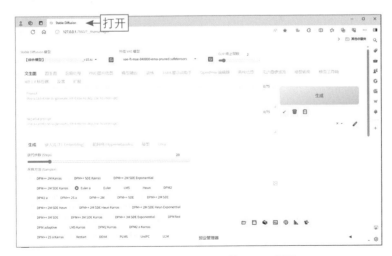

图 13-27　Stable Diffusion 的 WebUI 页面

### 13.3.3　绘制人物主体效果

扫码看教学视频

下面先选择一个写实风格的大模型，然后输入相应的提示词，绘制出主体效果，具体操作方法如下。

**步骤01** 进入"文生图"页面，选择一个写实风格的大模型，输入相应的提示词，如图13-28所示，控制AI绘画时的主体内容和细节元素。

图 13-28　输入相应的提示词

☆ 专家提醒 ☆

大模型在 Stable Diffusion 中起着至关重要的作用，Stable Diffusion 结合大模型的绘画能力，可以生成各种各样的图像。大模型还可以通过反推提示词的方式来实现图生图的功能，使得用户可以通过上传图片或输入提示词来生成相似风格的图像。

**步骤02** 在页面下方设置"采样方法"为DPM++ 2M Karras、"宽度"为512、"高度"为768、"总批次数"为2，提高生成图像的质量和分辨率，如图13-29所示。

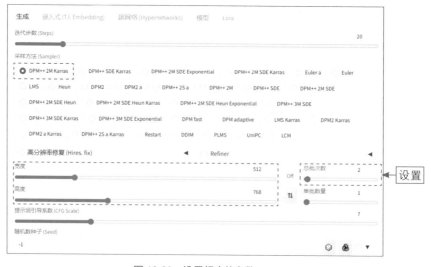

图 13-29　设置相应的参数

步骤 03 单击"生成"按钮，生成相应的图像效果，如图13-30所示，画面中的人物具有较强的真实感，但细节不够丰富。

图 13-30　生成相应的图像效果

## 13.3.4　改变人物的画面风格

下面主要介绍在提示词中添加一个改变人物发型效果的Lora模型，并叠加一个生成小清新画风的Lora模型，让画面效果显得更加清新、自然，具体操作方法如下。

扫码看教学视频

步骤 01 切换至Lora选项卡，选择相应的Lora模型，该Lora模型能够生成特定的女生发型效果，将该Lora模型添加到提示词输入框中，并将其权重值设置为0.8，适当降低Lora模型对AI的影响，如图13-31所示。

图 13-31　添加 Lora 模型并设置其权重值

步骤02 其他生成参数保持不变，单击"生成"按钮，生成相应的图像，即可改变人物的发型效果，如图13-32所示。

图 13-32　改变人物的发型效果

步骤03 继续添加一个小清新人像摄影风格的Lora模型，并将其权重值设置为0.7，再次单击"生成"按钮，即可生成具有清新感的图像效果，如图13-33所示。

图 13-33　生成具有清新感的图像效果

## 13.3.5　修复人脸并放大图像

扫码看教学视频

在生成人物照片时，建议大家使用ADetailer插件来修复人物脸部，同时还可以使用高分辨率修复功能放大图像效果，具体操作方法如下。

**步骤 01** 展开ADetailer选项区，选中"启用After Detailer"复选框，启用该插件，在"After Detailer模型"列表框中选择face_yolov8n.pt模型，如图13-34所示，该模型适用于写实人像的面部修复。

图 13-34　选择 face_yolov8n.pt 模型

**步骤 02** 展开"高分辨率修复"选项区，设置"放大算法"为R-ESRGAN 4x+、"放大倍数"为2、"重绘幅度"为0.3，如图13-35所示。R-ESRGAN 4x+是一种非常优秀的图像放大算法，可以为用户提供高质量、清晰的图像放大效果。

图 13-35　设置相应参数

☆ 专家提醒 ☆

高分辨率修复（Hires.fix）功能首先以较小的分辨率初步生成图像，接着放大图像，然后在不更改构图的情况下改进其中的细节。对于显存较小的显卡来说，可以通过使用高分辨率修复功能，把"宽度"和"高度"尺寸设置得小一些，如512×768的

247

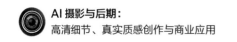
分辨率，然后将"放大倍数"设置为 2，Stable Diffusion 就会生成 1024×1536 分辨率的图片，且不会占用过多的显存。

**步骤 03** 其他生成参数保持不变，单击"生成"按钮，即可生成相应的图像，同时将尺寸放大为2倍，效果见图13-20。

## 本章小结

本章主要介绍了如何使用Stable Diffusion进行商业设计，涵盖了产品包装设计、服装样式设计和商业人像摄影3个关键领域。通过实践案例，本章指导读者利用Stable Diffusion的AI绘画能力来创建吸引人的产品包装效果、定制个性化的服装样式效果及制作高质量的人像摄影作品。学习完本章，读者将能够掌握Stable Diffusion在商业设计中的有效应用，提升设计效率并创造更具吸引力的商业作品。